MISSION SCIENTIFIQUE

G. DE CRÉQUI MONTFORT ET E. SÉNÉCHAL DE LA GRANGE

1933

XPLORATIONS GÉOLOGIQUES

DANS L'AMÉRIQUE DU SUD

SUIVI DE TABLEAUX MÉTÉOROLOGIQUES

PAR

G. COURTY

PROFESSEUR DE GÉOLOGIE À L'ÉCOLE SPÉCIALE DE TRAVAUX PUBLICS
NATURALISTE DE LA MISSION

PARIS

IMPRIMERIE NATIONALE

LIBRAIRIE H. LE SOUDIER, BOULEVARD SAINT-GERMAIN, 174

MDCCCCVII

4° S
2450

EXPLORATIONS GÉOLOGIQUES

DANS L'AMÉRIQUE DU SUD

SUIVI DE TABLEAUX MÉTÉOROLOGIQUES

PUBLICATIONS DE LA MISSION.

Rapport sur une Mission scientifique en Amérique du Sud (Bolivie, République Argentine, Chili, Pérou), par G. DE CRÉQUI MONTFORT et E. SÉNÉCHAL DE LA GRANGE.

Carte des régions des Hauts Plateaux de l'Amérique du Sud (Bolivie. Argentine. Chili, Pérou) parcourues par la Mission française. Carte dressée par V. HUOT, d'après les travaux des membres de la Mission, les sources originales inédites et les documents les plus récents, à l'échelle de 1/750000.

Les lacs des Hauts Plateaux de l'Amérique du Sud, par le D' M. NEVEU-LEMAIRE, avec la collaboration de MM. BANAY, E.-A. BIRGE, E. CHEVREUX, E. MARSCH, J. PELLEGRIN et J. THOULET.

Anthropologie bolivienne, par le D' CHERVIN.

    Tome Ier. Ethnologie, Démographie. Photographie métrique.

    Tome II. Anthropométrie.

    Tome III. Craniologie.

Linguistique comparée des Hauts Plateaux boliviens et des régions circonvoisines, par G. DE CRÉQUI MONTFORT et C.-A. PRET.

Explorations géologiques dans l'Amérique du Sud, suivi de tableaux météorologiques, par G. COURTY.

Antiquités de la région andine de la République Argentine et du Désert d'Atacama, par Éric BOMAN.

Fouilles archéologiques à Tiahuanaco, par G. COURTY et Adrien DE MORTILLET.

Faune mammalogique des Hauts Plateaux de l'Amérique du Sud, par le D' M. NEVEU-LEMAIRE et G. GRANDIDIER.

Notes physiologiques et médicales concernant les Hauts Plateaux de l'Amérique du Sud, par le D' M. NEVEU-LEMAIRE.

Études paléontologiques, par M. BOULE.

Les Hauts Plateaux des Andes, par V. HUOT.

MISSION SCIENTIFIQUE

G. DE CRÉQUI MONTFORT ET E. SÉNÉCHAL DE LA GRANGE

————⟶◇⟵————

EXPLORATIONS GÉOLOGIQUES

DANS L'AMÉRIQUE DU SUD

SUIVI DE TABLEAUX MÉTÉOROLOGIQUES

PAR

G. COURTY

PROFESSEUR DE GÉOLOGIE À L'ÉCOLE SPÉCIALE DE TRAVAUX PUBLICS
NATURALISTE DE LA MISSION

PARIS

IMPRIMERIE NATIONALE

————

LIBRAIRIE H. LE SOUDIER, BOULEVARD SAINT-GERMAIN, 174

————

MDCCCCVII

INTRODUCTION.

C'est au commencement de l'année 1903 que, sur la désignation du Dr Chervin, MM. G. de Créqui Montfort et E. Sénéchal de la Grange me chargèrent de la partie géologique du voyage qu'ils allaient entreprendre dans l'Amérique du Sud, et plus particulièrement en Bolivie.

Malgré mon ardent désir d'être bien documenté afin de pouvoir puiser plus largement dans le grand livre de la Nature, je ne pus me livrer à des lectures prolongées sur la Bolivie, car notre départ fut très précipité. Je n'étais certes pas étranger, en partant, ni aux observations géologiques, ni à la manière de recueillir les échantillons. Le goût des sciences naturelles s'était éveillé dès mon enfance; le livre de Ch. Lyell, *Principles of geology,* avait été pour moi une sorte de révélation. A la suite de voyages en Suisse, en Italie, en Belgique, et d'un assez long séjour en Grande-Bretagne, je ne manquai jamais l'occasion d'aller sur le terrain contrôler ce que j'avais lu. J'eus l'honneur d'être guidé dans mes recherches par les savants conseils de Munier-Chalmas et de M. Stanislas Meunier. L'étude des couches tertiaires du bassin de Paris ne cessa de m'intéresser. Je compris qu'il fallait voir beaucoup et longtemps pour voir bien, et ce scrupule scientifique m'empêcha souvent d'écrire mes observations.

Le 3 avril 1903, je quittai la France à Bordeaux sur le vapeur *Amazone,* en compagnie de MM. G. de Créqui Montfort, A. de Mortillet, Neveu-Lemaire et J. Guillaume.

Pendant les vingt-trois jours que dura la traversée jusqu'à Buenos-Ayres, nous occupâmes notre temps à apprendre des mots espagnols usuels qui devaient nous être d'une si grande utilité dans la suite, ce qui ne m'empêcha point de faire de mon côté quelques remarques océanographiques.

La couleur changeante des eaux de l'Océan me frappa tout d'abord, et je pus dans la suite acquérir la certitude que le ciel joue un rôle très important dans la coloration de l'eau.

Aux environs de Bordeaux, à l'Ile Verte, la coloration jaunâtre de l'eau, comme dans le Rio de la Plata, m'indiqua clairement que les fonds étaient remués.

Dans les fonds de 150 à 200 mètres, l'eau conserve toujours une couleur verte. En Méditerranée, aux Açores, par exemple, l'eau est bleue par le beau fixe et devient verte par le mauvais temps.

Le 19 avril, le soleil étant au zénith, je vis que l'océan Atlantique était plus bleu du côté le plus éclairé que du côté où il l'était le moins à cause du bateau. Ceci ne fit que confirmer mes constatations que, par temps gris, la mer est verte. Ce jour-là, il restait encore 406 milles à parcourir pour gagner Rio de Janeiro.

Rio de Janeiro fut le premier point où nous prîmes contact avec le territoire sud-américain. La baie de Rio, dominée par le Corcovado et limitée par le Paô de Assucar, est d'un effet très imposant.

Une escale de plusieurs heures me permit d'observer des roches gneissiques et du labradorite. A mon retour, en louvoyant sur les côtes du Brésil à Santos (*ilha Santo Amaro*), je trouvai des granites passant au gneiss par métamorphisme. Les gneiss, d'ailleurs, comme j'ai pu le voir en 1904 en France avec M. W. Kilian au massif de l'Échaillon, près de Saint-Jean-de-Maurienne, ne sont que des granites plissés sous l'influence d'un phénomène dynamo-métamorphique.

Le 26 avril au matin, nous arrivions à Buenos-Ayres, à une époque où les neiges commencent à recouvrir la Cordillère des Andes.

Notre premier soin fut d'attendre le moment propice pour traverser la Cordillère. Nous mîmes à profit les cinq jours pen-

dant lesquels nous dûmes rester à Buenos-Ayres pour visiter
le Musée national et le Musée de la Plata, si riches en collections paléontologiques et ethnographiques.

Après avoir traversé pendant un jour et demi les pampas
argentines, nous atteignions Mendoza, ville très coquette, mais
tristement célèbre par ses tremblements de terre. Au mois
d'août de 1903, une secousse sismique fit plusieurs victimes.

Les formations pétrolifères des environs de Mendoza sont,
d'après L. Brackebusch, assez importantes.

De Mendoza, nous nous rendons en une journée au Pont de
l'Inca (*Puente del Inca*). Ce pont est, géologiquement parlant,
très curieux, car il est de formation récente. Une fontaine analogue à celle de Saint-Allyre (France) dépose là des calcaires
de précipitation chimique. Ceux-ci quelquefois sont remaniés
par les eaux, et c'est alors qu'ils se présentent sous la forme de
lentilles dont les dimensions varient en grosseur de 1 à 4 centimètres.

Il faut environ six heures, lorsque les sentiers sont envahis
par les neiges, pour traverser la Cordillère des Andes. Le trajet
s'effectua à dos de mulet de Las Vacas, versant argentin, à
Juncal, versant chilien. En ce dernier point, j'ai pu échantillonner quelques porphyrites. Parvenu à Valparaiso, je m'embarquai sur le vapeur *Loa* pour me rendre à Antofagasta en
longeant les côtes du Chili. Une assez longue escale à Caldera
me permit de reconnaître l'étage sinémurien à *Gryphœa arcuata*
Lamk. Le 11 mai, j'étais à Antofagasta. La ville, ou *pueblo*,
est bâtie sur une de ces fameuses terrasses dites *de soulèvement*,
dont l'explication depuis Ch. Darwin n'a cessé de préoc-
cuper les naturalistes sans que la question fût ensuite bien
éclairée. Je reviendrai d'ailleurs ultérieurement sur les terrasses chiliennes.

A peine débarqué à Antofagasta, les sommets blancs des récifs
attirèrent mon attention. Qu'étaient-ce donc que ces zones
blanchâtres? En m'approchant, je reconnus facilement un pro-

duit zoologique qui n'a qu'un rapport indirect avec la géologie,
c'est le guano.

Partout où les flots ont balayé le guano, ce dernier a pris
une teinte plutôt jaune. On peut à peine se faire une idée de
la quantité prodigieuse d'oiseaux de mer que l'Océan poisson-
neux nourrit et qui vont se reposer sur les rochers de la baie
d'Antofagasta. L'épaisseur seule du guano témoigne de la multitude de la gent ailée. Comme le guano n'existe que par le
manque de pluie, et que déjà Garcilaso de la Vega signalait
son exploitation depuis l'époque des Incas, il est rationnel
de penser qu'il n'a pas plu dans ces parages depuis pas mal de
siècles.

Un phénomène actuel, qui vaut la peine d'être mentionné,
est la formation de *pot holes* dans les porphyres feldspathiques
de la Cordillère de la Côte qui baignent dans l'Océan.

Des petits graviers, mus sous l'action du mouvement des
eaux de la mer, creusent continuellement des cavités arrondies
plus ou moins profondes qui rappellent un peu les *marmites
des géants* de Lucerne, quant à leur mode de production. Ce
phénomène me paraît d'autant plus intéressant à signaler, qu'il
rentre dans une des fonctions relatives à la destruction mécanique des roches.

Je parcourus ensuite, du sud au nord, la partie du désert
d'Atacama située entre les 22°, 23°, 24° et 25° degrés de latitude
Sud, afin de me fixer sur le mode de formation des nitrates de
soude. Caracolès, avec sa faune callovienne, retint mon attention pendant quelque temps.

Après avoir visité la région volcanique du San Pedro, les
gîtes cuprifères de Calama et de Cobrizos, noté la présence de
terrains lacustres à Calama, Conchi, Cobrizos et Uyuni, je partis
de Pulacayo avec plusieurs mules de charge et un *arriero*[1] à

[1] L'*arriero* est généralement un Indien ou un métis chargé de conduire et de soigner
les mules de charge.

travers le sud de la Bolivie, en effectuant pour ainsi dire d'une seule traite, à dos de mulet, un parcours total de plus de 200 lieues. Je passai d'abord en revue toute la partie comprise entre Pulacayo et San Vincente, si riche en argent et en cuivre, je gagnai ensuite l'antique district minier argentifère de San Antonio de Lipez, puis je remontai à Quechisla vers une lentille phylladienne probablement d'âge silurien où la cassiterite amorphe et le bismuth natif à l'état roulé se côtoient dans les rios. Tazna, avec ses quartzites plissées en U, d'après la distinction de De Saussure, témoins indiscutables d'une fausse plasticité, m'éclaira sur le mécanisme des phénomènes telluriques.

A Tazna, comme au Cerro Chorolque, je remarquai des masses ocreuses assez étendues provenant de la décomposition de la pyrite de fer.

Les geysers ou plutôt les *suffioni* du Cerro Obero aux environs de Cerda, avec leurs dépôts avoisinants de soufre et leurs concrétions jaunes et blanches d'aragonite, me révélèrent les dernières manifestations de l'activité volcanique des Andes.

Je repris ensuite mon exploration géologique au nord de la Bolivie dans la région dévonienne d'Oruro, en passant par Sica-Sica et Pataca Maya. Cette localité est caractérisée par des fossiles du genre *Cryphæus* que les Indiens désignent sous le nom espagnol de « pierres d'aigle » (*piedras aguilas*).

De l'alto de La Paz à Huaqui, en passant par Viacha, Tiahuanaco, des grès micacés rougeâtres correspondant aux calcaires marins de l'Illinois (États-Unis d'Amérique) indiquent leur âge dévonien par une faune assez rare, mais bien conservée.

A Aygachi, Yarbichambi et à l'île Quebaya (lac Titicaca et environs), des calcaires noirâtres carbonifériens à *Productus Cora* d'Orb. peuvent très bien être assimilés aux couches du bassin franco-belge, c'est-à-dire au carboniférien de Visé ou de Saint-Hilaire.

Il me paraît naturel de synchroniser la formation cuprifère de Coro Coro avec celle de Cobrizos.

A défaut de faune, et si l'on tient compte des données bien connues de la stratigraphie, il n'est peut-être pas téméraire de rapporter les grès cuivreux de Coro Coro à l'âge permien des schistes cuivreux de Saxe.

Quant aux phénomènes de dénudation subaérienne, les formes arrondies des montagnes ou *cerros*, et les tours de grande hauteur surmontées par un gros bloc[1] en menaçant quelquefois le voyageur, démontrent amplement le travail effectué par les eaux météoriques sur tout le plateau bolivien.

Lorsque, invité à opérer des fouilles archéologiques sur l'emplacement de Tiahuanaco, à 3,854 mètres d'altitude, avec le haut appui de M. le général Pando, Président de la République de Bolivie et des membres du Gouvernement, j'exhumai des appareils de construction et des idoles complètement enfouis sous une couche de terre de dénudation variant en profondeur de 1 à 3 mètres, je pus me rendre parfaitement compte du mécanisme de la sédimentation résultant du concours nécessaire du phénomène de dénudation.

Je ne me dissimule pas les imperfections d'un travail qui eût exigé plusieurs années, et pour les recherches sur le terrain, et pour la rédaction.

Il est aussi difficile, sur ce vaste continent américain, de rassembler des matériaux que de les mettre en œuvre; aussi je demande ici l'indulgence des géologues. Ceux-ci reconnaîtront aisément sur la carte-itinéraire les points que j'ai étudiés dans une durée de temps de huit mois, dont quatre ont été entièrement consacrés à l'exhumation de monuments préincasiques, à Tiahuanaco.

Comme on en pourra juger par la suite, j'ai cru devoir diviser en trois chapitres différents l'ensemble de mes observations à travers le Chili et la Bolivie. J'ai adopté autant qu'il était possible, dans le premier et le deuxième chapitre, l'ordre

[1] On peut voir en Bolivie de pittoresques *Cheminées des fées*, analogues à celles du Zuni-Plateau (Nouveau-Mexique) ou encore à celles de Saint-Gervais (France).

géographique des localités où je me suis successivement porté en m'attachant à relier les phénomènes qu'il m'a été donné d'observer avec ceux déjà connus en Amérique du Nord et en Europe. Le deuxième chapitre comprend les observations intéressant plus particulièrement la géologie.

La troisième partie est une esquisse géologique naturellement sommaire de tout le Haut-Plateau bolivien avec la description des différents terrains qui y sont représentés.

J'ai fait suivre mon résumé d'une liste des principaux échantillons minéralogiques que j'ai recueillis au cours de mon voyage, avec deux index bibliographiques chronologiques et par noms d'auteurs des différents ouvrages que j'ai consultés après coup.

Il ne m'a pas paru inutile de grouper en un appendice géologique un certain nombre de conseils généraux pouvant servir aux explorateurs naturalistes qui voudraient scientifiquement étudier l'Amérique du Sud.

On trouvera à la fin du volume quelques tableaux de météorologie se rapportant à certains points du Chili et de la Bolivie.

Avant d'entrer directement dans mon sujet, j'ai pensé qu'il serait utile aussi, pour la compréhension générale du pays que j'ai traversé, de traiter de la partie de mon itinéraire relative à la géographie physique. Celle-ci sera comme un prélude nécessaire du chapitre de la géologie proprement dite.

Il eût été très instructif, au point de vue géologique, de parcourir les îles du lac Titicaca et les flancs des Cordillères des Andes boliviennes (*Cordillera real*) dont les sommets sont, avec ceux des monts Himalaya, les plus élevés du globe; mais le temps a seul empêché la réalisation de ce magnifique projet d'excursion.

En transcrivant ici la série des observations que j'ai consignées dans mon Journal de voyage, je me suis appliqué de mon mieux à les revêtir de la forme précise qu'elles exigent et à en composer un essai.

Puisse cet essai, malgré toutes ses lacunes, justifier la confiance des personnes qui ont bien voulu me prodiguer leurs encouragements!

Et s'il se rencontre quelques naturalistes qui trouvent dans la lecture de mes notes un intérêt quelconque, j'en éprouverai une grande satisfaction, car je n'ai eu d'autre ambition que celle de servir la science en accomplissant dignement ma tâche.

Paris, le 30 janvier 1905.

POST-SCRIPTUM.

Avant de décrire les observations recueillies au cours de mon voyage à travers l'Amérique du Sud, il ne me paraît pas inutile d'indiquer la route suivie de Bordeaux jusqu'à Buenos-Ayres par notre vapeur *Amazone*, d'après le relevé du point journalier du bord [1].

DATES.	PORTS D'ATTACHE et D'ESCALE.	CÔTES EN VUE.	LATITUDE.	LONGITUDE. (MÉRIDIEN DE PARIS.)	ITINÉRAIRE, DISTANCES PARCOURUES en milles marins et NOTES DIVERSES.
Avril 1903.			° ′	° ′	
3	Bordeaux (Île Verte).	Rives de la Garonne et de la Gironde.	. . . .	. . . .	. . . .
4	. . . .	Rochers du cap Finisterre.	44 45 N.	7 26 O.	Golfe de Gascogne. D. P. = 223 milles.
5	Vigo.	Côtes d'Espagne.	. . . .	. . . .	Baie de Pontevedra.
6	Lisboa.	Côtes du Portugal.	. . . .	. . . .	. . . .
7	. . . .	. . . .	36 35 N.	12 39 O.	Océan Atlantique. D. P. = 139 milles.
8	. . . .	Îles Canaries.	31 23 N.	15 10 O.	Océan Atlantique. D. P. = 339 milles.
9	. . . .	. . . .	26 13 N.	17 48 O.	Océan Atlantique. D. P. = 348 milles. Temps calme.
10	. . . .	Côtes d'Afrique. Cap Blanc.	20 49 N.	19 42 O.	Océan Atlantique. D. P. = 352 milles.
11	Dakar.	Côtes du Sénégal.	15 7 N.	19 55 O.	Océan Atlantique. D. P. = 344 milles. Temps calme.
12	. . . .	. . . .	. . . .	. . . .	Océan Atlantique. On aperçoit des poissons volants ; la chaleur augmente.
13	. . . .	. . . .	9 49 N.	22 45 O.	D. P. = 342 milles.
14	. . . .	. . . .	4 58 N.	25 49 O.	D. P. = 343 milles. (Grains).
15	. . . .	. . . .	0 28 N.	28 46 O.	D. P. = 332 milles. Vents du S. E. Passage de l'Équateur.
16	. . . .	. . . .	4 18 S.	31 33 O.	D. P. = 332 milles. Temps couvert (le pot au noir des marins).
17	. . . .	. . . .	9 5 S.	34 33 O.	Temps gris (ondées).
18	. . . .	. . . .	13 46 S.	37 26 O.	D. P. = 328 milles.

[1] A mon retour en France, le commandant Le Troadec du vapeur *Atlantique*, à bord duquel je me trouvai, opéra un sondage dans l'océan Atlantique à la hauteur du cap Finisterre par 45° 28′ latitude Nord et 5° 12′ longitude Ouest de Paris, à 124 mètres de profondeur. Le sondage donna : *Bithium reticulatum* Da Costa ; *Dentalium dentalis* Linné ; *Cardium* (indéterminable).

DATES.	PORTS D'ATTACHE et D'ESCALE.	CÔTES EN VUE.	LATITUDE.	LONGITUDE. (MÉRIDIEN DE PARIS.)	ITINÉRAIRE, DISTANCES PARCOURUES en milles marins et NOTES DIVERSES.
Avril 1903.			° ′	° ′	
10	....	....	18 41 S.	40 38 O.	D. P. = 330 milles. On aperçoit sur l'Océan des traînées rougeâtres attribuées par les uns à des graines, à du frai, par d'autres. (Je n'ai pu contrôler.) G. C.
20	Rio-de-Janeiro.	Côtes du Brésil. Cabo Frio. Corcovado.	23 1 S.	41 35 O.	D. P. = 353 milles. Temps calme.
21	....	Baie Sta Catharina.	....	....	Océan très houleux.
22	....	....	26 37 S.	48 31 O.	D. P. = 285 milles. Océan houleux.
23	....	....	30 58 S.	52 28 O.	D. P. = 333 milles. Océan calme. Temps gris.
24	....	Île Lobos. Pointe de l'Est.	35 1 S.	57 17 O.	D. P. = 352 milles.
25	....	....	....	....	Rio de la Plata.
26	Buenos-Ayres..	....	....	....	....

73   72   *LAC TITICACA*   71   70   69   68

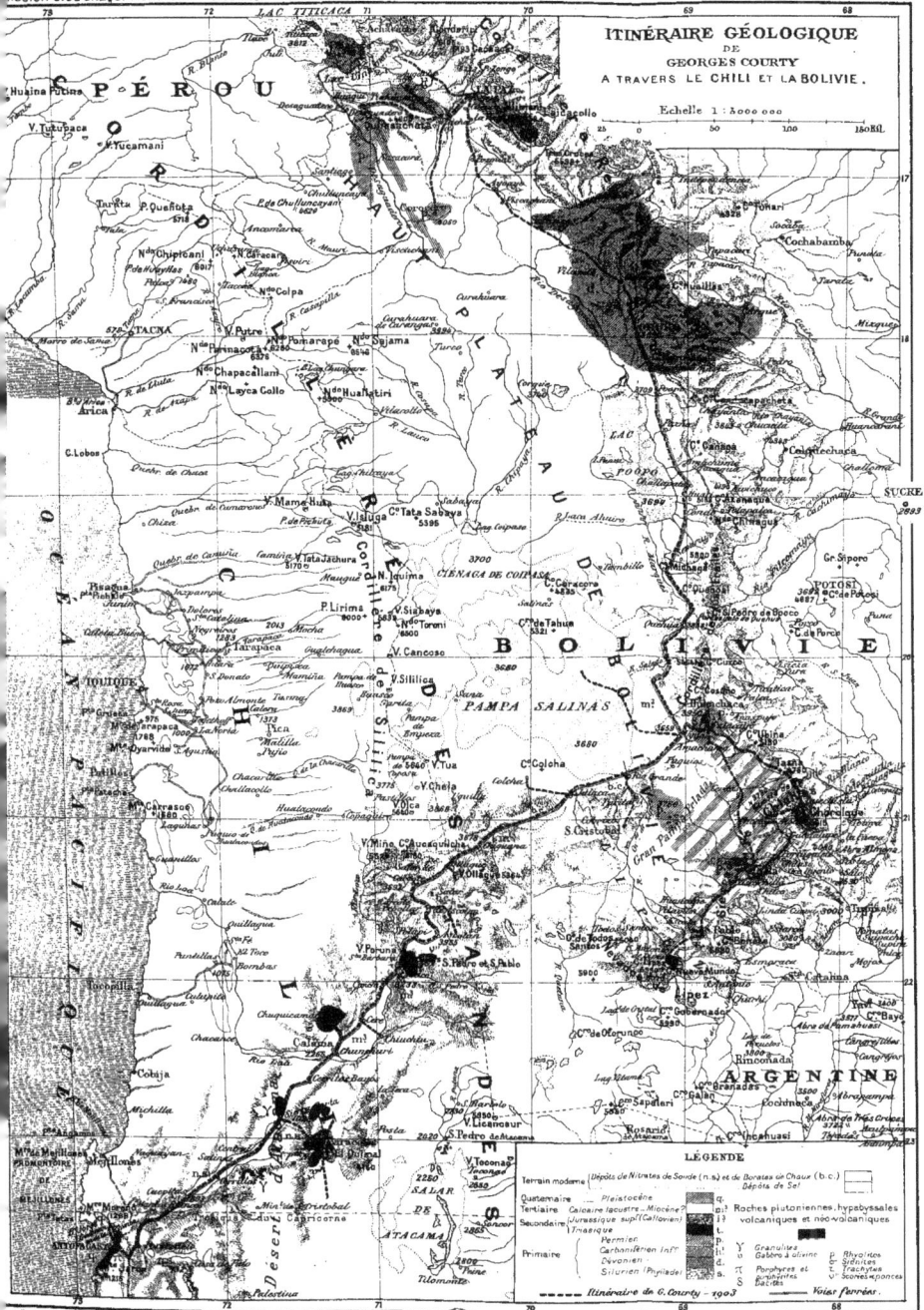

ITINÉRAIRE GÉOLOGIQUE

DE

GEORGES COURTY

A TRAVERS LE CHILI ET LA BOLIVIE.

Echelle 1 : 5.000.000

25   0   50   100   150 Kil.

P É R O U

B O L I V I E

O C É A N   P A C I F I Q U E

ARGENTINE

LÉGENDE

Terrain moderne	*Dépôts de Nitrates de Sonde (n.s.) et de Borates ou Chaux (b.c.)* — Dépôts de Sel
Quaternaire	Pleistocène — q.
Tertiaire	Calcaire lacustre - Miocène? — q¹? Roches plutoniennes, hypabyssales
Secondaire	*Jurassique supt (Callovien)* — j? volcaniques et néo-volcaniques
	Triasique — t.
	Permien — t.p.
Primaire	Carbonifèren Inf¹ — t.c. Y Granulites p. Rhyolites
	Dévonien — d. u Gabbro à olivine σ Sénites
	Silurien (Phyllades) — s. π Porphyres et τ Trachytes
	granitoïdes v. Scories et ponces
	S Basaltes

----- *Itinéraire de G. Courty - 1903*   ---- Voies ferrées.

Dressé par V. Huot

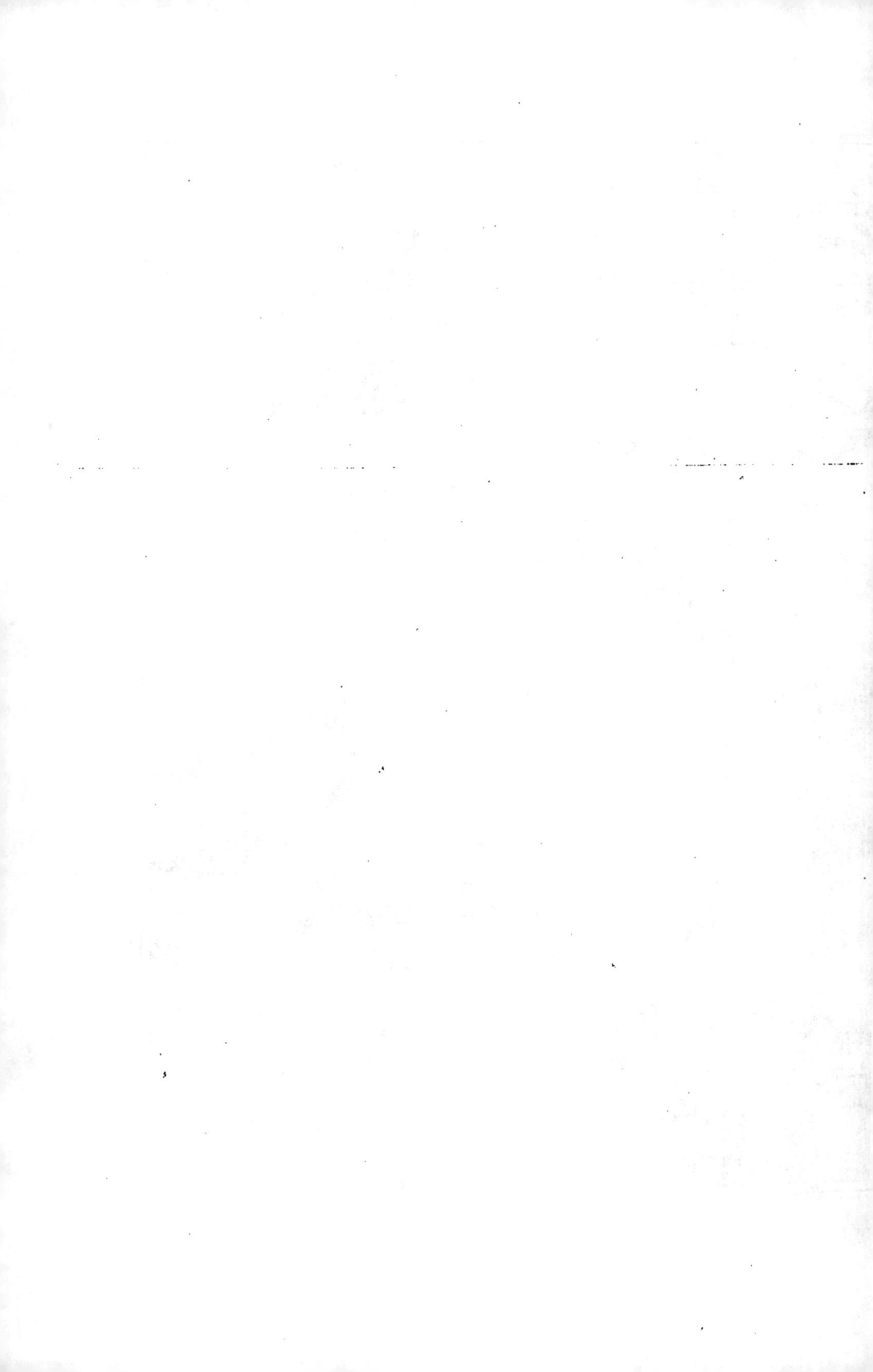

EXPLORATIONS GÉOLOGIQUES
DANS L'AMÉRIQUE DU SUD.

PREMIÈRE PARTIE.
GÉNÉRALITÉS GÉOLOGIQUES.

I

DE RIO-JANEIRO À LA FRONTIÈRE DE BOLIVIE.

LES CÔTES DU BRÉSIL, BUENOS-AYRES.

On aborde généralement, en venant d'Europe, la baie de Rio en contournant une pointe avancée dans l'Océan, le Cabo Frio. A partir de cet endroit, la côte granitique se découpe comme celle de Bretagne, et l'on aperçoit la vaste baie de Rio[1]. Celle-ci est une des plus belles du monde entier, et sa majesté est encore rehaussée par une intensité de lumière qui donne au paysage une tonalité caractéristique. Ajoutez à cela les senteurs de la forêt vierge, et vous aurez une idée réelle de la sensation qu'on éprouve à l'approche des terres tropicales.

Au sud de Rio de Janeiro se trouve le golfe de Santa Catharina; cet endroit ne passe généralement pas inaperçu au voyageur, car la mer y est presque toujours mauvaise; on longe au loin, en traversant ce golfe, la Sierra do Paranapiacaba et la Sierra do Mar, massifs constitués par des roches gneissiques

---

[1] A une des extrémités de la baie de Rio se détache une masse granitoïde penchée et d'une forme arrondie caractéristique : c'est le « Pão de Assucar » ou Pain de Sucre.

que l'on retrouve plus au sud dans l'Argentine à la Sierra de
Tandil. C'est après avoir passé entre l'île Lobos et la pointe
de l'Est pour gagner Montevideo[1], que l'on arrive par le
Rio de la Plata jusqu'à Buenos-Ayres. Ici commencent les terrains pampéens dont l'âge de la formation a été très discuté.
Ces limons me semblent postérieurs aux dépôts lagunaires qui
ont nivelé une grande partie du haut plateau bolivien. Quant
à la faune englobée dans le pampéen, elle paraît provenir d'assises tertiaires démolies et remaniées par des courants torrentiels.

LES PAMPAS ARGENTINES, MENDOZA.

Pour se rendre de Buenos-Ayres à Mendoza, on traverse en
chemin de fer pendant quarante-huit heures ces immenses
plaines limoneuses, les pampas argentines, où se profile au
loin de temps à autre la silhouette d'un *gaucho*[2], ou la forme
d'une *estancia*[3], ferme modèle par excellence, où l'agencement
et le confort dépassent de beaucoup les installations fermières
européennes.

Il semble que ces vastes espaces de l'Amérique contribuent
à développer les idées de grandeur et de richesse.

Les pampas argentines sont uniformément constituées par
le limon pampéen, composé de sables plus ou moins argileux
contenant des restes d'animaux, sur une superficie qui s'étend
depuis le détroit de Magellan ou de Magalhaens au sud jusqu'au bassin de l'Amazone au nord.

Le terrain pampéen a été regardé comme pliocène par

[1] Montevideo doit son nom à la colline
qui domine la ville; c'est l'Espagnol Juan
Diaz de Solis qui lui donna ce nom en
1515, car il l'aperçut le premier. Cette
colline est de composition gneissique.

[2] Le terme *gaucho* n'a pas de syno-
nymie en français : le *gaucho*, en Argentine, remplit les fonctions des *cow-boys*
dans l'Amérique du Nord.

[3] Les *estancias* comprennent non seulement l'habitation fermière, mais encore les pâturages qui l'entourent (syn.
angl. : *grazing farms*).

Bravard et Ameghino, et comme quaternaire par Darwin et Burmeister.

A notre avis, le limon pourrait bien être quaternaire, mais les vertébrés qu'il renferme semblent devoir être rapportés au pliocène, au miocène et peut-être même à l'éocène. Je serais disposé à croire que les ossements d'animaux rencontrés dans les lœss pampéens ont été charriés alors qu'ils étaient déjà fossilisés.

Voici, en outre, la division du pampéen d'après F. Ameghino :

Post-pampéen .	néolithique. . . .	Faune actuelle et pierre taillée.
	mésolithique . .	Outil en os et faune presque identique à la faune actuelle.
Pampéen (d'Orb. 1842).	des grands lacs.	Lagostomus fossilis. Canis Azaræ. Cervus magnus.
	moderne ou supérieur.	Lagostomus angustidens. Canus protolapex.
	ancien ou inférieur.	Typotherium cristatum.
Patagonien (d'Orb. 1842).		Anoplotherium. Palæotherium.

« Les argiles pampéennes — dit Alcide d'Orbigny — s'appuient sur les roches granitiques. Elles ne supportent aucun grand dépôt; seulement elles ont, à leur surface, des sables d'alluvion ou de petits bancs de coquilles fossiles, identiques à celles qui vivent actuellement soit dans la mer, soit près de l'embouchure de la Plata. L'argile pampéenne se compose d'une seule couche où il serait même difficile de trouver une stratification marquée. Il y a bien, dans certains endroits, des parties plus ou moins dures, plus ou moins arénacées, mais ces parties, loin d'être séparées du reste des lignes horizontales qui se montrent toujours dans les couches lentement déposées au sein des eaux, forment une masse où l'on ne reconnaît que des zones peu distinctes, qu'on ne peut suivre longtemps, dans aucune des coupes naturelles des falaises. En un mot, on dirait, en examinant l'argile pampéenne, qu'elle s'est en quelque sorte déposée dans un laps de temps très court, comme le résultat d'une grande commotion terrestre. »

Les observations de l'illustre naturaliste sur les argiles pampéennes sont si précises, qu'il serait superflu d'en dire davantage. Le seul point qui reste obscur est l'origine même de ces argiles : à notre avis, elles paraissent comparables aux limons de Villejuif ou d'Arcueil, près Paris, et on dirait qu'elles résultent, en partie du moins, d'apports torrentiels. Le géologue Auguste Bravard, enlevé à la vie d'une façon tragique lors du tremblement de terre de Mendoza, en 1861, n'a malheureusement pas pu étudier d'une façon critique les espèces fossiles qu'il avait rencontrées dans les limons argentins. Je donnerai ci-dessous, dans ses parties les plus essentielles, la copie du catalogue que Bravard a lithographié lui-même en 1860 et qui montre d'une façon assez éloquente non seulement la richesse des fossiles pampéens, mais encore les distinctions apportées par ce géologue dans la chronologie des faunes.

CATALOGUE

DES ESPÈCES D'ANIMAUX FOSSILES RECUEILLIS DANS L'AMÉRIQUE DU SUD PAR AUGUSTE BRAVARD, INSPECTEUR GÉNÉRAL DES MINES DE LA RÉPUBLIQUE ARGENTINE, DIRECTEUR DU MUSÉE NATIONAL DE 1852 À 1860.

ABRÉVIATIONS. — A. Alluvions supérieures. — P. Sables pampéens pliocènes. — M. Sables, argiles et calcaire miocène. — E. Corps organisés provenant de couches éocènes et transportés déjà fossiles dans les différentes assises du terrain miocène des environs de Parana, mais principalement dans les argiles vertes. — *. Espèces indiquées dans nos observations géologiques sur le bassin de la Plata (Buenos-Ayres 1857). — + Espèces indiquées dans notre Monographie des environs du Parana (Parana 1858). — P. N. Parana. — B. A. Buenos-Ayres.

CARNASSIERS.

+	1.	Eutemnodus Americanus (A. B.). .	E.	P. N.
*	2.	Felis megantereon (A. B.).	P.	B. A.
*	3.	— cultridens (A. B.).	P.	B. A.

*	4. Canis vulpinus (A. B.)..........	P.	B. A.
*	5. — Pampæus (A. B.)..........	P.	B. A.
*	6. — Platensis (A. B.)	P.	B. A.
*	7. — cinereo-argenteus (Cuvier)....	A.	B. A.
*	8. Arctotherium latidens (A. B.).....	P.	B. A.
*	9. — angustidens (A. B.)..........	P.	B. A.
*	10. Mustella Americana (A. B.)......	P.	B. A.

RONGEURS.

+	11. Megamys Patagonensis (D'Orb.)...	E.	P. N.
	12. Genre nouveau (1er) [Inédit].....	E.	P. N.
	13. Genre nouveau (2e) [Inédit].....	E.	P. N.
	14. Genre nouveau (3e) [Inédit].....	E.	P. N.
+	15. Terydomys Americanus.........	E.	P. N.
+	16. Arvicola gigantea (A. B.)........	E.	P. N.
*	17. Lagostomus brevipes (A. B.)......	P.	B. A.
*	18. — brevifons (A. B.)..........	P.	B. A.
*	19. — tridactylus (Auctor.).........	A.	B. A.
*	20. Ctenomys megacephalus (A. B.)...	P.	B. A.
*	21. — minus (A. B.).............	P.	B. A.
*	22. Mus fossilis (A. B.).............	P.	B. A.
*	23. Arvicola Americana (A. B.)......	P.	B. A.
*	24. Cardiodus Waterhousii (A. B.)....	P.	B. A.
*	25. — medius (A. B.).............	P.	B. A.
*	26. — minus (A. B.).............	P.	B. A.
*	27. — dubius (A. B.).............	P.	B. A.

PARESSEUX.

*	28. Megatherium Cuvierii (Desmar.)...	P.	B. A.
*	29. Scelidotherium magnum (A. B.)..	P.	B. A.
*	30. — leptocephalum (A. B.).......	P.	B. A.
*	31. — ankilosopum (A. B.)........	P.	B. A.
*	32. Megalonix meridionalis (A. B.) ...	P.	B. A.
*	33. Mylodon robustus (Owen.).......	P.	B. A.
*	34. — Oweni (A. B.).............	P.	B. A.
*	35. — minus (A. B.).............	P.	B. A.
*	36. Glyptodon gigas (A. B.)........	P.	B. A.
*	37. — geometricus (A. B.).........	P.	B. A.

*	38.	— tuberculatus (Owen.)	P.	B. A.
*	39.	— Oweni (A. B.)	P.	B. A.
*	40.	— Orbignyi (A. B.)	P.	B. A.
*	41.	— radiatus (A. B.)	P.	B. A.
*	42.	Dasypus magnus (A. B.)	P.	B. A.
*	43.	— Moussyi (A. B.)	P.	B. A.
*	44.	— gracilis (A. B.)	P.	B. A.
*	45.	— aparoïdes (A. B.)	P.	B. A.
*	46.	— tricinctus (Auctor.)	A.	B. A.
*	47.	— villosus (A. B.)	A.	B. A.
*	48.	— minutus (A. B.)	A.	B. A.

PACHYDERMES.

+	49.	Anoplotherium Americanum (A. B.).	E.	P. N.
+	50.	Palæotherium Paranense (A. B.) . .	E.	P. N.
*	51.	Mastodon Andium (Cuv.)	P.	B. A.
*	52.	— Humboldtii (Cuv.)	P.	B. A.
*	53.	Equus curvidens (Lund.)	P.	B. A.
*	54.	Opisthorhinus Falconerii (A. B.) . . .	P.	B. A.
*	55.	— minus (A. B.)	P.	S. A.
*	56.	Typotherium protum (A. B.)	P.	B. A.
*	57.	— medium (A. B.)	P.	B. A.
*	58.	— minutum (A. B.)	P.	B. A.
*	59.	Toxodon Platensis (Owen)	P.	B. A.
+	60.	— Paranensis (D'Orb.)	M.	P. N.

RUMINANTS.

*	61.	Camelotherium magnum (A. B.) . . .	P.	B. A.
*	62.	— medium (A. B.)	P.	B. A.
*	63.	— minus (A. B.)	P.	B. A.
*	64.	Cervus magnus (A. B.)	P.	B. A.
*	65.	— Pampæus (A. B.)	P.	B. A.
*	66.	— Entrerianus (A. B.)	P.	P. N.

CÉTACÉS.

+	67.	Balæna dubia (A. B.)	M.	P. N.
+	68.	Delphinus Paranensis (A. B.)	M.	P. N.

Comme on le voit, la question de la formation du limon est d'une grosse importance pour la géologie américaine. Ch. Darwin regardait la formation pampéenne comme tirant son origine du Rio de la Plata qui couvrait de ses eaux saumâtres les contrées basses environnantes.

En supposant que cette hypothèse soit vraie pour la formation des limons des environs de Buenos-Ayres, elle me paraît impuissante à rendre compte de la présence des lœss à Tarija[1], par exemple.

L'homogénéité des limons pampéens milite en faveur de leur origine torrentielle, et les lagunes des Pampas aujourd'hui existantes semblent bien être les derniers vestiges du régime limoneux pleistocène.

Les efflorescences salines sont également impropres à fournir une explication rationnelle sur l'origine marine des dépôts pampéens; elles sont au contraire une preuve de la démolition de ces roches gréseuses, auxquelles le chlorure de sodium est si fréquemment associé. Les changements qui se continuent dans les Pampas pendant la période holocène résident dans le déplacement irrégulier de certaines portions très sableuses sous des influences éoliennes, et aussi dans une décoloration des zones superficielles sous l'action des eaux météoriques.

Mais, pour revenir à notre traversée des Pampas, avant d'atteindre Villa Mercedès, la ligne côtoie des lagunes où viennent se reposer des flamants aux ailes roses, dont la quantité prodigieuse rompt par l'aspect chatoyant du coloris la monotonie du paysage.

Durant ce trajet, le voyageur n'arrive pas à se mettre à l'abri de la poussière; de fines particules de sable passent par les in-

---

[1] Les ossements d'animaux rencontrés dans le lœss de Tarija (Bolivie) furent, dès 1602, signalés par Diego d'Avalos y Figuroa (*Miscellania austral*, Lima, 1602. Coloquio XXXIII). Depuis cette époque, les découvertes d'ossements fossiles ont été nombreuses à Tarija.

terstices les moins visibles des wagons. Enfin on atteint Mendoza, au pied de la Cordillère; cette ville rappelle un peu, par la beauté de son site, la coquette ville savoisienne d'Aix-les-Bains. La vigne y croît avec une vigueur telle, qu'elle atteint la taille de véritables arbres, comme à Llai-Llai [1] au Chili. La beauté du lieu fait de Mendoza un rendez-vous favori de l'aristocratie argentine; malheureusement, ce coin si chéri des Argentins est gâté par la visite fréquente de tremblements de terre.

Le 21 mars de l'année 1861, Mendoza eut à souffrir d'un terrible tremblement de terre [2]. Le géologue français A. Bravard, qui avait en quelque sorte prédit la catastrophe quelques instants avant qu'elle n'arrivât, en fut une des premières victimes. Sur les 15,000 personnes qui composaient la population, il ne restait plus que 3,000 survivants. Tout dernièrement encore, en août 1903, des secousses séismiques se propageant dans la direction de San Juan firent une dizaine de victimes.

C'est en raison des *tremblores* qu'on n'élève pas à Mendoza de maisons de plus d'un étage, et, malgré que celles-ci soient en parties crevassées, aucun habitant n'a l'idée d'abandonner cette zone dangereuse.

Les environs de Mendoza se signalent par la présence d'énormes masses de grès rouges caractérisés par leur richesse en pétrole [3]. Le manque de fossiles a jusqu'ici empêché d'établir nettement leur âge. Darwin et Stelzner supposent que ces couches pétrolifères sont plus récentes que les dépôts du jurassique inférieur, parce qu'elles reposent sur ces derniers au Pont de l'Inca (*Puente del Inca*).

[1] *Llai llai*, terme indien correspondant au mot français «vents».

[2] La secousse fut ressentie à Buenos-Ayres, ville distante de 1,127 kilomètres de Mendoza.

[3] Suivant Richard, *Informe sobre los districtos minerales*, 1869, un dépôt considérable de pétrole se trouve à 70 lieues de Mendoza, sur le chemin del Planchon qui conduit au Chili; ce pétrole donne 40 p. 100 de kerosène pur; il se répand sur le sol.

Luis Brackebusch concède à ces grès rouges (en raison de
Chemnitzia (Melania) potosensis d'Orb. qu'il a rencontré en abondance dans les provinces de Salta et de Jujuy et des considérations d'Agassiz relativement aux formations calcaires de Bahia)
un âge néocomien. Quoi qu'il en soit, les grès et les conglomérats que l'on rencontre au nord de l'Argentine et au sud de la
Bolivie m'ont paru appartenir plutôt à l'étage permien, et c'est,
je crois, l'opinion de Pissis et de David Forbes.

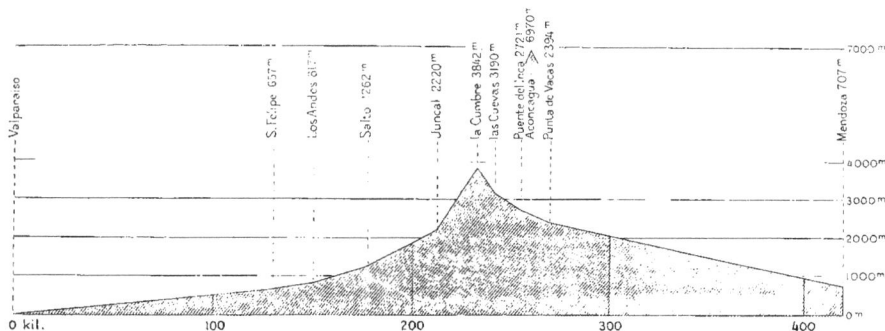

PROFIL SCHÉMATIQUE DE LA CORDILLÈRE DES ANDES ENTRE VALPARAISO ET MENDOZA
L'échelle des hauteurs est vingt fois celle des longueurs.

C'est, à mon avis, trop s'avancer que d'étendre à la formation pétrolifère de L. Brackebusch, c'est-à-dire subcrétacée,
tous les grès des environs de Jujuy.

Des espèces du genre *Glossopteris*, rencontrées récemment
dans la province de la Rioja (Sierra Famatina), sembleraient
indiquer d'ailleurs, d'après L. Szajnocha, qu'on se trouve dans
cette localité en présence du permien.

Selon les déterminations de M. Kurtz, la flore la plus impor-
tante de cette province se compose de : *Noeggerathiopsis Hislopi*
Feistm.; *Equisetites Morenianus* Kurtz; *Neuropteridium validum*
Feistm.

Ces espèces étaient déjà connues dans les Indes Orientales,

au cap de Bonne-Espérance, en Australie, et tout à fait identiques à celles de Bajo de Velis, dans la Sierra de San Luis (Rép. Arg.). Cette flore, comme dit M. Kurtz, a des affinités très grandes avec celle du système Gondwana inférieur (Kaharbari-beds).

Selon le Dr F. Kurtz, il conviendrait de distinguer trois formations d'après la flore de la République Argentine, comme l'indique le tableau suivant :

Formations de Cacheuta. . . . . ⎫	
Challao, Uspallata (Mendoza). . . . . ⎬ Rhétien.	
Marayes (San Juan). . . . . ⎪	
Escalera de Famatina (La Rioja) . . . . ⎭	
Formation de Bajo de Velis . . . . Permien ou Dyas.	
Formation de Retamito (San Juan). . . . . . . ⎰ Dinantien (Flore du Culm).	

Mon court passage à Mendoza et aux environs ne me permit point de me livrer à aucune recherche géologique utile[1]. J'arrivai, en passant par Punta de Vacas, Puente del Inca, Las Cuevas et le col de la Cumbre, sur le versant chilien à Juncal. Je recueillis là rapidement quelques porphyrites, et mon attention se concentra sur le relief général de la Cordillère. Celui-ci est beaucoup plus à pic

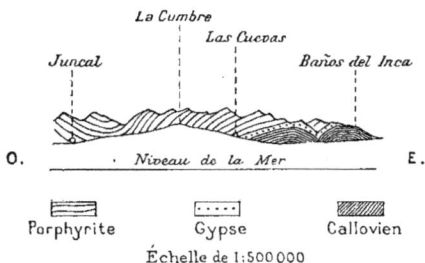

Schéma d'un profil géologique de la Cumbre de Uspallata, entre Juncal et Puente del Inca, d'après C. Burckhardt.

sur le versant chilien, comme on peut s'en rendre compte par le profil schématique ci-contre de la Cordillère des Andes de Mendoza à Valparaiso, établi d'après les altitudes que j'ai successivement prises au cours de ma traversée des Andes.

[1] Entre Mendoza et Punta de Vacas, il n'est pas rare d'apercevoir des bandes de condors. Ce sont les condors des Andes.

Il faut une journée pour se rendre de Juncal à Valparaiso; on traverse d'abord la région montagneuse du Chili, où croît en abondance *Cereus Quisco*, sorte de haut cactus épineux que l'on retrouve sur l'altiplanicie de Bolivia à Colcha (Nor. Lipez) et sur les collines situées entre Uyuni et Pulacayo (Porco).

De Salto, un chemin de fer conduit à Valparaiso *via* Los Andes.

LES CÔTES DU CHILI.

De Valparaiso à Santiago de Chile, comme l'avait déjà fait remarquer Pissis dans sa « Description géologique de Santiago », on observe non loin de la côte chilienne des terrains tertiaires.

Ceux-ci sont d'une haute importance, car ils peuvent être synchronisés avec ceux de la région parisienne. Ils représentent en effet l'horizon de Jeurs à *Natica crassatina* Lmk., étage stampien proposé par D'Orbigny en 1852 (de Rouville, 1853), oligocène moyen.

Ces terrains tertiaires occupent la partie supérieure des plaines de Santiago, de Rancagua et de Yallanquen; ils sont disposés en couches horizontales recouvertes d'une argile arénacée avec des alternances de bancs sableux.

Aux bords des rives du Riô Rapel, au milieu d'une couche calcaro-sableuse de couleur grisâtre, on rencontre des coquilles telles que *Natica crassatina* Lmk., *Cytherea incrassata* Sowerby, espèces appartenant en France au falun molassique d'Étréchy (Seine-et-Oise), ou aux couches marines de Castel Gomberto dans le Vicentin (d'après Munier-Chalmas).

Les terrains oligocènes du Chili semblent très importants au point de vue de leur vaste extension sur le globe. On connaissait déjà l'oligocène à Cuba ainsi qu'en Floride, où il offre un développement très remarquable, d'après W. H. Dall. Les strates marines de la Floride sont caractérisées par un grand nombre de foraminifères, dont quelques espèces sont identiques à celles d'Europe. Les calcaires à *Orbitoides Mantelli* constituent la substructure de la Floride.

Vers la fin de cette sédimentation, les nummulites (*N. floridana*) font, pour la première fois, leur apparition dans le tertiaire américain, et les échinides ont des affinités si grandes avec les genres de l'oligocène européen, que plusieurs géologues ont été naturellement conduits à relier la côte méditerranéenne à la région des Antilles[1].

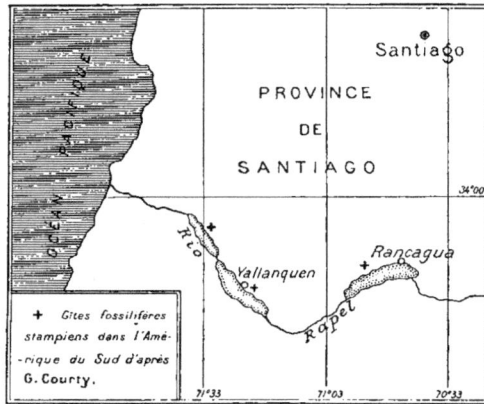

Esquisse cartographique des environs de Santiago (Chili) montrant l'existence du terrain stampien à *Natica crassatina*, dans l'Amérique du Sud.

Les dépôts tertiaires du Chili paraissent disparaître dans la direction Nord, car on n'y retrouve plus que des roches porphyriques et granulitiques ainsi que des subfossiles dont les espèces vivent encore actuellement dans la mer.

Au sud de Santiago, dans les environs du Lago del Maule, 36° 5', on peut voir des dépôts de silice pulvérulente à diatomées analogues à ceux d'Auvergne en France (situés à droite

[1] « Geological results of the study of the tertiary fauna of Florida 1886-1903 », by William Healy Dall (extracted from the *Transactions of the Wagner free Institute of Science*, Philadelphia, vol. III, part VI, 1903).

du chemin de Riom-ès-Montagne à la Bade, au lieu dit « Cha-
defau », section F de Lestret, et récemment découverts par un
géologue langrois, M. A. Chareton-Chaumeil). Cette randannite
chilienne, quoique s'étendant sur un large espace, n'a que
quelques centimètres d'épaisseur; elle est d'une couleur très
blanche.

A Valparaiso, les fendillements et les crevasses des roches
sont certainement dus aux effets des tremblements de terre si
fréquents sur les côtes occidentales de l'Amérique du Sud[1],
dont la nature abrupte fait involontairement penser à un grand
affaissement sur l'emplacement du grand Océan.

Les tremblements de terre auxquels on assiste à des inter-
valles inégaux ne modifient, en somme, que très peu les formes
actuelles du relief sud-américain.

Il est donc permis de croire — et l'observation scientifique
vient confirmer cette croyance — que le relief des montagnes,
après s'être d'abord primitivement esquissé, a pris, au cours des
périodes géologiques écoulées, la forme que nous lui voyons
aujourd'hui. Les modifications successives se sont naturellement
produites avec plus d'intensité dans les points les plus rappro-
chés des premières cassures, c'est-à-dire dans les zones déjà très
disloquées.

De Valparaiso je m'embarquai pour Antofagasta.

Après avoir passé devant Coquimbo, je me trouvai un peu
plus au nord, vis-à-vis de la baie de Guayacan.

Pendant une courte escale, j'y recueillis des agglomérations

[1] Le premier tremblement de terre
relaté par les historiens de la région fut
celui qui eut lieu le 8 février 1570. Celui-ci détruisit la cité florissante de Concepcion. Un grondement formidable avertit
les habitants de sortir de leurs demeures,
et, quelques instants après, le sol s'affaissa
de telle sorte que l'Océan envahit l'emplacement des maisons. Une partie du Vieux
Penco fut recouvert par les eaux. Pendant
plus de cinq mois, le sol continua à trem-
bler et l'Océan à être agité. Les cours de
diverses rivières furent détournés et les
champs inondés. D'après le témoignage du
Père Miguel Olivarès, plus de 2,000 personnes périrent et la cathédrale de Santiago tomba en ruines. (Cf. *Historia de
Chile*, ms.)

de sable perforées par des pholades, ainsi que des détritus de coquilles actuelles agglutinées à un ciment gréseux.

Par Caldera, il eût été facile d'aller jusqu'à Copiapo. On m'y avait signalé la présence, au lycée, d'une masse météorique péridotique tombée aux environs, à Juncal. Copiapo ne se trouvant point sur notre itinéraire, je ne pus connaître cette localité, complètement détruite par un tremblement de terre extraordinaire dont la ville a été le théâtre, en 1819, et qui fut relaté en 1821 par un officier de la marine royale de la Grande-Bretagne, le capitaine Basil Hall.

Étant donnés les détails précis et circonstanciés fournis par cet officier, bien que ce phénomène soit un peu ancien, il ne me paraît pas sans intérêt de faire connaître le rapport du capitaine Basil Hall :

« Le 24 novembre 1821, au moment de notre arrivée (à Copiapo), la maison de notre hôte, la seule qui n'eût pas été renversée, était remplie de crevasses et comme disloquée de la manière la plus extraordinaire. Elle était bâtie en bois recouvert de mortier. Les principales pièces de charpente, étant enfoncées profondément dans le sol, étaient restées droites; le soulèvement de la terre avait bien pu en détacher les parties, mais non les démolir; il lui avait laissé l'apparence de la destruction dont elle conservait encore les traces. Sur la place, toutes les maisons avaient été renversées, excepté celle que nous habitions et une petite chapelle. Les murs s'étaient écroulés dans tous les sens, les uns en dedans, les autres en dehors : c'était un tableau de ruines tout à la fois singulier et affligeant. Au premier coup d'œil, il était facile de reconnaître que c'était non pas le travail des ans qui avait causé ce désastre, mais une cause soudaine, générale et rapide dans ses effets. Dans un climat où il ne pleut jamais, les traces du temps sont légères; il est donc probable que ces ruines étaient à peu près dans le même état qu'au jour de la catastrophe, qui remontait à deux années et demie. Les murs avaient de trois à quatre pieds d'épaisseur et quelques-

uns plus de douze pieds de haut, tous faits en larges briques
plates, séchées au soleil; nous pensions, comme on le peut supposer, qu'ils auraient dû résister même à une secousse de
tremblement de terre; et cependant, malgré leur solidité, ils
semblent avoir été renversés aussi facilement qu'un château de
cartes... Plusieurs maisons avaient éprouvé un ébranlement si
terrible, qu'aucune brique n'avait conservé sa première place;
les murs de quelques-unes avaient résisté, mais ils étaient
restés tellement inclinés, qu'en passant auprès nous ne pûmes
maîtriser un mouvement d'effroi, car il n'y avait pas un seul
mur qui ne penchât plus ou moins. Dans certains endroits, les
arcs-boutants avaient succombé et le mur était resté debout;
dans d'autres, les arcs-boutants avaient été séparés des murs et
rejetés dans une direction opposée. La grande église, appelée
La Merced, s'était écroulée le 4 avril 1819, le lendemain du
tremblement de terre, sept jours avant la grande secousse qui
avait détruit la ville. Les murs latéraux et une partie de l'une
des extrémités sont encore debout, mais dans un état complet
de délabrement, et sillonnés de fentes depuis le haut jusqu'en
bas. Chose assez remarquable, les arcs-boutants qui avaient le
plus de force et de largeur ont presque tous été jetés à terre.
L'un d'eux, qui avait opposé le plus de résistance, s'était tout à
fait détaché du bâtiment qu'il était destiné à soutenir; sa base
touchait encore à l'édifice, et son sommet en était éloigné d'un
yard et demi. Il paraît, d'après ces observations, et c'est ce qui
aurait dû être prévu par l'architecte, que ces arcs-boutants
ne contribuent en rien à la stabilité des murs exposés aux secousses d'un tremblement de terre; leur véritable objet est de
résister aux secousses latérales extérieures et non à agir contre
un mouvement de vibration du terrain sur lequel ils sont
placés. »

Je souligne ici cette expression *mouvement de vibration du terrain,* car elle met très heureusement en valeur le phénomène
sismique. Le tremblement de terre semble si bien se propager
à la façon des ondes sonores, que, sur une même ligne ébranlée,

certains points sont indemnes, alors que d'autres sont affectés,
et l'on ne saurait plus à propos citer le cas de ces ouvriers de
Caracolès (Chili) qui, travaillant dans des galeries de mines,
n'ont même pas soupçonné les secousses sismiques qui se faisaient vivement sentir à la surface du sol.

Au delà de la baie de Guayacan et de Copiapo, je longeai le
désert d'Atacama jusqu'à Antofagasta.

Antofagasta, 23° 38' de latitude Sud et 70° 24' 39" longitude Ouest de Greenwich, est aujourd'hui un petit port du Chili
assez important; la ville, construite en damier comme la plupart des villes américaines, est en majeure partie bâtie avec des
matériaux légers tels que le bois, en raison de l'instabilité de
la côte chilienne au pied de la cordillère de la Côte ou petite
Cordillère (Cordillera de la Costa). Celle-ci, autant que j'ai pu
m'en rendre compte à Antofagasta, est constituée par des porphyres feldspathiques rougeâtres amygdalaires, traversés par
des filons cuivreux inexploitables en raison de leur pauvreté en
minerai.

Pendant les sept jours que je séjournai à Antofagasta (du 11
au 17 mai de 1903), je ne manquai point d'examiner non seulement la constitution du sol, mais encore l'état du ciel. Je pus
voir là les plus beaux couchers de soleil que j'eus jamais l'occasion de voir au cours de mon voyage. D'Antofagasta je péné-
trai directement par Portezuelo dans le désert d'Atacama.

LE DÉSERT D'ATACAMA.

On désigne généralement sous le nom de désert d'Atacama
la région qui borde la côte du Pacifique et qui est comprise
entre les 21°, 22°, 23°, 24° et 25° degrés de latitude Sud. L'absence totale de végétation et la constitution montagneuse de la
région du désert donnent au voyageur l'illusion qu'il foule une
planète morte. Ici et là, il rencontre des montagnes ou *cerros,*
de composition franchement granulitique et dans presque toute

l'étendue aride de l'Atacama, il n'entend d'autre bruit que le grincement occasionné par le sabot de son cheval sur le sol nitreux.

Une note, qui n'est pas à mon avis la moins originale à relater, est le manque de pluies dans le désert d'Atacama. En a-t-il toujours été ainsi? La présence d'anciens et nombreux lits de rivières aujourd'hui desséchés et de creusements torrentiels dans la province d'Atacama sont des preuves indiscutables d'une modification dans le système météorologique du désert.

Le changement climatérique ne doit pas remonter au delà de la période pleistocène, en raison de ce qu'aucun dépôt géologique n'est venu recouvrir la surface du sol.

Comment maintenant expliquer la cause de la disparition complète des pluies dans ces parages? Comme les nuages ont besoin d'être saturés en un point de l'atmosphère pour se résoudre en pluie, il est permis de se demander si la condensation de vapeurs qui existe dans le désert d'Atacama n'est pas contrariée dans sa saturation par des courants éoliens.

Il est donné à ce propos l'explication suivante : « Le courant marin, venant du pôle antarctique et qui ne commence à se réchauffer que sur les côtes du Pérou, est accompagné, dans les régions élevées de l'atmosphère, d'un courant aérien originairement de même direction, mais que la rotation de la Terre a transformé en alisé avec direction dominante du Sud-Est au Nord-Ouest. Il en résulte que, pendant leur traversée des plaines argentines et en s'élevant au-dessus de 4,000 mètres pour franchir la Cordillère, ces vents, à partir d'une certaine latitude, 30° (Coquimbo), n'abordent le versant Pacifique qu'après avoir perdu, sous forme de neige ou de pluie, la majeure partie de leur eau, puis se réchauffent en descendant, et, s'éloignant de la saturation, n'amènent pas de précipitation ultérieure. »

Actuellement le Rio Loa [1] forme à lui seul le centre hydro-

---

[1] Le Rio Loa se jette dans l'océan Pacifique entre Punta Arenas et Chipana.

graphique de la province d'Atacama. Après avoir eu un débit considérable, ce rio coule maintenant à une profondeur de 105 mètres à partir de 3,020 mètres, cote prise au sommet de ses anciennes rives à Conchi. Ses principaux affluents sont les rios San Salvador, Salado et San Pedro.

Je citerai encore le Rio Grande, cours d'eau intérieur grossi par les eaux des rios San Bartolo et Vilama, lequel va aboutir dans la *Salar de Atacama,* en plein désert d'Atacama.

Le seul endroit du désert où croît un peu de végétation est Calama; aussi lui donne-t-on pompeusement le nom d'oasis. Celle-ci consiste principalement en luzernières et en quelques arbres entretenus par les dérivations des eaux du Rio Loa.

Dans le désert d'Atacama, l'air est si sec qu'une feuille de papier même épaisse se brise si elle a été préalablement pliée. C'est ainsi que j'éprouvai les plus grandes difficultés à envelopper mes échantillons avec les vieux journaux que j'avais emportés avec moi. Ceux-ci, la plupart du temps, se réduisaient en menus morceaux. Semblablement la barbe elle-même devient dure et les ongles très cassants sous l'effet de la sécheresse.

A Calama (2,266 mètres d'altitude) on n'éprouve généralement pas le mal de montagne ou *soroche* [1]. Ce mal ne se fait sentir habituellement qu'au delà de 3,000 mètres d'altitude. Il se traduit par de la congestion faciale accompagnée de nausées qui vous enlèvent toute idée de prendre aucune nourriture.

Certains voyageurs m'ont assuré avoir éprouvé une sorte d'étouffement nerveux. Personnellement, j'ai connu au cours de mes ascensions les nausées, l'angoisse et le serrement de tête.

Cette absence du mal des montagnes fait que, pour ma traversée du désert d'Atacama, de Pampa Central à Calama, j'ai pu monter des petits chevaux chiliens que le directeur de la Compagnie des nitrates de soude du Chili, M. Isaac Arce, a si obligeamment mis à ma disposition. Aussi je suis heureux

---

[1] Le terme *puna,* synonyme du mot *soroche,* est le seul usité sur les hauts plateaux boliviens pour désigner le mal des montagnes.

de saisir l'occasion de lui adresser ici mes plus vifs remerciements.

A partir de Calama et même plus au Nord (Chili), ainsi
que sur tout le territoire bolivien, on fait uniquement usage de
mules dont la résistance au mal des montagnes est bien connue
des habitants des hauts plateaux. La mule, en effet, même
souffrant de la *puna,* si l'on s'en rapporte aux sons rauques
qu'elle fait entendre à chaque pas, continue à porter de lourds
fardeaux et à vivre encore un long temps, jusqu'au moment
où, d'une manière improviste, elle tombe à terre pour ne plus
se relever.

Ces considérations m'amènent à relater qu'on ne se préoc-
cupe nullement d'enterrer les mules qui meurent subitement
en cours de route. J'ai été moi-même très frappé, en parcourant
le désert d'Atacama, de constater qu'il était jonché de cadavres
de mules. Ces cadavres, loin de se putréfier, se dessèchent très
rapidement, de sorte qu'il n'y a aucun inconvénient à ne point
les enfouir dans la terre. Je n'ai, au reste, constaté aucun insecte
ni autour, ni sur les cadavres des animaux.

On s'explique dès lors aisément l'état de momification naturelle dans lequel on retrouve aujourd'hui les corps des Indiens
qui ont autrefois vécu dans le désert d'Atacama.

M. E. Sénéchal de La Grange a très heureusement mis à jour
autour de Calama une nécropole préhispanique qui lui a fourni
non seulement des momies, mais encore un mobilier funéraire
du plus haut intérêt pour leur histoire; je mentionnerai, à
titre d'indication, des instruments aratoires en bois, des paniers en sparterie, des tissus, des calebasses gravées, etc., tous
objets extrêmement délicats et putrescibles.

M. de La Grange a en outre exhumé, des tombes indiennes
de Calama, du *charqui* [1] ou viande de mouton séchée au soleil.
A la suite d'une cuisson prolongée, je suis parvenu à rendre à

[1] Les Indiens actuels de Bolivia et de la partie nord de l'Argentine sont très friands
du *charqui.*

un petit fragment de ce charqui son élasticité musculaire. C'est assez dire dans quel excellent état de conservation il a été rencontré.

L'absence des pluies surtout et aussi la raréfaction de l'air contribuent peut-être à préserver d'une destruction rapide les corps enfouis dans la terre. Quoi qu'il en soit, le fait par lui-même mérite d'être mentionné.

Je ne crois point non plus me tromper en avançant que Calama a dû être autrefois un des coins les plus fréquentés de tout l'Atacama. Les importantes nécropoles de Calama, en partie fouillées par M. de La Grange, et celles de Chiu-Chiu en sont les meilleures preuves. La disparition complète ou le déplacement continu des centres d'habitations est une loi assez constante, non seulement en Amérique mais sur toute la surface de la terre en général.

C'est ainsi que les tombes ou *chullpas* du Cerro Muleros (environs de Cobrizos) et les fonds de cabane du Cerro Relave (province de Sur Lipez), que j'ai moi-même découverts en Bolivie, sont aujourd'hui dans des points complètement isolés de toute habitation indienne.

Est-ce à dire que la population indienne est moins dense à l'heure actuelle qu'elle ne l'a été autrefois? C'est possible, mais ce n'est pas démontré.

Je serais tout disposé à croire non à l'extinction totale des Indiens dans les régions de Bolivie aujourd'hui inhabitées, mais à leur migration pour des raisons diverses [1].

Si Calama est encore un lieu très habité, c'est grâce à sa situation hydrographique tout à fait exceptionnelle. Il est à peu près certain que, bien avant l'arrivée de Christophe Colomb en Amérique du Sud, des cours d'eau sillonnaient cette localité comme en témoigne l'épaisseur considérable de tufs d'origine chimique qui s'y sont déposés.

[1] La localité de « Pastos Grandes », dans la Puna d'Atamaca, est exceptionnellement connue pour la stérilité féminine.

Calama était probablement peuplé par ces tribus Changos ou Atacamenos que Sir Clements Markham a rencontrées à Cobija.

Les Changos[1] habitaient l'Atacama, vivaient du produit de leur pêche et parlaient une langue très différente de celle des Quechuas et des Aymaras, mais fort analogue à celle des Arau- cans. L'oasis de Calama existait alors à peu près telle qu'elle est aujourd'hui, car, au delà de cette dernière dans la direction de Montezuma et de Sierra Gorda, des amas de sulfate de chaux et des exsudations nitreuses, loin de favoriser la végétation, ont dû, pour cause de saturation, l'empêcher de se faire jour.

Cependant, d'après Roch. Latrille, certaines zones situées à l'est de Calama ont dû être très fertiles, comme celle, par exemple, qui s'étend de Chacance à la Soledad. Dans cette région, des amas de sable ont enfoui en grande quantité des gros troncs d'arbre dont la présence révèle l'existence d'an- tiques forêts. Ces troncs d'arbre, nommés *tamarugos* et qui ont donné le nom à la pampa Tamarugal, sont tout imprégnés de chlorure de sodium.

Les *tamarugos* ont déjà fait l'objet d'une exploitation spéciale, car ils constituent, paraît-il, un excellent combustible.

Dans le désert d'Atacama, lorsque le sol commence à être échauffé par les rayons du soleil, l'illusion de se trouver en face d'un immense lac dont les limites semblent s'éloigner au fur et à mesure qu'on s'en approche, est fréquente. Ce phénomène de mirage est non seulement visible à la station de Central dans les pampas nitreuses, mais encore à Uyuni dans les pampas salines. Je me rappelle encore cet assez curieux effet de mirage que j'ai observé dans l'Atacama, aux alentours de Pampa Cen- tral. Comme la Compagnie des nitrates du Chili emprunte pour

---

[1] On a retrouvé les traces de ces tri- bus sur la côte chilienne de Taltal à To- copilla. A Copaca notamment, il existait autrefois une station importante de Chan- gos. Les cimetières de la Chimba et de Juan Lopez, près du Morro Moreno, sont, paraît-il, ceux des Changos.

ses besoins journaliers la ligne du chemin de fer d'Antofagasta à Oruro, afin d'y placer ses wagons à voile, j'éprouvai un beau matin la sensation factice de voir au loin devant moi un voilier sur les eaux.

Ces effets de mirage, quoique très curieux, n'en sont pas moins une source de réels dangers pour le voyageur. Aussi ne saurait-on trop s'entourer d'infinies précautions pour opérer ses tournées d'exploration. Il me souvient, en me rendant de Julaca à Colcha, dans la province de *Nor Lipez,* alors que j'avançais péniblement à travers des pampas arides de borate de chaux, d'avoir eu, en raison du mirage, l'indécision de la direction que j'avais parfaitement établie.

Pour revenir au désert d'Atacama, au point de vue de sa géologie, je dirai tout d'abord que, loin d'être plate, cette région est traversée par des montagnes ou *cerros* [1] à versants doux constitués par de la granulite. La plus grande partie des roches consiste en granulites et en porphyres.

Quelques filons cuivreux, assez pauvres du reste, coupent des granulites comme aux environs immédiats des cerros de Pampa Cienfuegos (Atacama).

A Caracolès, les principaux filons d'argent sont au contact des roches éruptives et des roches sédimentaires du jurassique supérieur [2]. Les sédiments d'âge callovien d'après la faune ont deux colorations distinctes. C'est d'abord un calcaire gris-noirâtre fissile très fossilifère, à céphalopodes nombreux, puis un calcaire jaunâtre assez compact dans lequel je n'ai rencontré que des lingules, entre autres *Lingula Plagemanni* Möricke.

Pas plus à Caracolès que dans les autres parties du désert d'Atacama, il n'existe de flore. Le village de Caracolès se trouve actuellement infesté par des hordes de rats.

---

[1] On emploie fréquemment aussi, au Chili, le terme *morro* pour désigner des collines.

[2] Ce contact a profondément modifié et altéré la structure des roches sédimentaires.

Caracolès se dépeuple lentement, car les mines d'argent qui faisaient vivre autrefois une population nombreuse sont abandonnées à l'heure actuelle. Ce sont les exploitations de nitrates de soude et de borates de chaux, ce sont les extractions de veines d'étain, de cuivre, de wolfram et de blende qui ont cédé le pas à l'argent.

La richesse de l'Atacama réside maintenant en la présence de couches très étendues de nitrate de soude, et dont on est loin d'avoir délimité toute la superficie; elles s'étendent presque sans interruption du 23ᵉ au 25ᵉ parallèle de latitude Sud.

Les méthodes pour constater la valeur des nitrates étant assez compliquées, je crois bon de citer le procédé pratique qui consiste à mettre de l'amadou allumé en présence d'un fragment de nitrate; si ce dernier décrépite fortement, on peut être à peu près sûr de sa bonne qualité. Seulement, au point de vue pratique, les nitrates les plus avantageux ne sont pas toujours ceux qui sont les plus purs. Ceux qui sont au contraire mélangés de terre se dissolvent avec une plus grande facilité.

Pendant longtemps, on a cru que la province de Tarapaca était la seule qui pût fournir une quantité suffisante de nitrate, mais, depuis que la consommation en a élevé le prix, des chercheurs ont trouvé dans l'Atacama des dépôts de nitrate tout semblables à ceux de Tarapaca, et sur une étendue si considérable, que leur exploitation est aujourd'hui une des sources de richesses les plus grandes du Chili.

On ne peut guère parler du désert d'Atacama sans mentionner les principales localités où furent rencontrées des météorites.

C'est Imilac, c'est Quillagua (d'après F. Latrille), c'est Mejillones, c'est Taltal, etc. Le Muséum de Paris est redevable à I. Domeyko de la plupart des météorites chiliennes qui composent la collection nationale.

Les météorites d'Imilac ou d'Heymilak sont les plus connues, car elles ont été les plus étudiées[1]. Elles étaient, a-t-on dit, transportées du désert au port de Cobija pour servir à ferrer les mules. C'est une masse de fer nickélifère, au milieu de laquelle sont disséminés des noyaux d'olivine plus ou moins altérée.

Il reste encore, m'a affirmé M. José Cerruti, des météorites auprès d'Imilac. Ignace Domeyko a rapporté que ce n'est que depuis le voyage de Philippi, en 1859, qu'on a été véritablement fixé sur l'emplacement où se rencontraient les météorites. Imilac est situé à 40 lieues au sud de San Pedro de Atacama. En arrivant à l'endroit où se trouvaient les météorites, à une lieue d'Imilac, Philippi remarqua, outre les excavations d'où avaient sans doute été extraites les masses plus grosses, une quantité de petits fragments ne pesant pas plus de 1 à 2 décigrammes et répartis sur une longueur variant de 60 à 80 pas.

A Antofagasta, j'ai vu entre les mains d'un commerçant un joli fer météorique d'une vingtaine de kilogrammes, dont je n'ai pu exactement connaître la provenance. J'ai dû renoncer à en faire l'acquisition, étant donnée la valeur excessive attachée à ce fer. Plusieurs météorites trouvées dans le désert d'Atacama sont, paraît-il, en la possession d'un minéralogiste de Valparaiso, M. Edward Jackson.

Pendant mon voyage à travers le désert d'Atacama, je n'ai point ramassé de météorites, bien que je me sois porté plusieurs fois en des lieux où l'on m'a assuré en avoir trouvé.

Le relief du désert m'a beaucoup intéressé par son uniformité orogénique : des bandes montagneuses, courant du nord au sud et parallèles entre elles, sillonnent la région de l'Ata-

[1] Parmi les météorites représentées dans la collection d'histoire naturelle du British Museum de Londres, je trouve celles de Mount Hicks, Mantos Blancos, à environ 40 milles d'Antofagasta; de Serrania de Varas; de Cachiyuyal, d'Ilimaë, de Merceditas, de Juncal, de Puquios, de Llano del Inca, de Doña Inez, de Carcote, de Vaca Muerta, Sierra de Chaco (Mejillones, Jarquera ou Janacera). En ajoutant à cette liste le Joel Iron et la Lutschaunig Stone, on a le bilan à peu près complet des météorites rencontrées jusqu'à ce jour dans l'Atacama.

cama d'un bout à l'autre. Ces chaînes montagneuses ont été très
dénudées et offrent à la vue des formes de dôme. Nul doute
que les eaux météoriques n'aient arrondi les sommets abrupts
en les démolissant peu à peu. J'ai observé très nettement qu'un
autre agent de destruction agissait sur les roches granitoïdes
du désert. Je veux parler de l'air lui-même.

Ainsi les roches, soumises alternativement aux effets du
chaud et du froid, se fendillent et s'écaillent par retrait; les
zones feldspathiques, elles, se transforment par la même cause
en kaolin. Les rognons calcédonieux qui accompagnent les
porphyres restent à la surface du sol, en subissant une désagré-
gation lente due aux grains de sable projetés par le vent. Ce
phénomène externe contribue certainement à donner aux fragments de roches précitées un aspect lustré et une forme tuber-
culeuse.

L'âge des masses rocheuses qui composent toute l'étendue
du désert est loin d'être le même. Les roches les plus anciennes
s'étagent le long de la Cordillère côtière, puis viennent des
roches porphyritiques moins anciennes, auxquelles succèdent
des trachytes et des ponces ainsi que des roches d'injection sur
les points élevés de la Cordillère proprement dite[1].

Les formations calcaires jurassiques s'avancent jusque sur la
Cordillère de la Côte, comme à Caldera (étage sinémurien);
plus au nord, à Caracolès, on retrouve le jurassique supérieur
(étage callovien).

Des formations lacustres assez récentes recouvrent directement les andésites de la région de San Pedro, lesquelles sont
recouvertes de matériaux détritiques amenés par les vents.

La disposition des terrains du désert d'Atacama a été particulièrement favorable à l'établissement de la voie ferrée, car il
n'y a pas eu pour ainsi dire de terrassements à faire. Le voya-

---

[1] Comme l'avait déjà apprécié Wendt, d'une façon si nette, les porphyres des auteurs anciens étagés dans les zones sud-est du plateau de Bolivia doivent être rangés parmi les dacites et les rhyo-lites.

ALTITUDES.

ANTOFAGASTA *Porphyres feldspathiques et amygdalaires*

PORTEZUÉLO *Depôts de nitrate de soude*

SALAR

MANTOS BLANCOS

CUEVITAS

CERRILLOS

CARMEN-ALTO
SALINAS

CENTRAL *Nitrates de soude en exploitation*

SIERRA GORDA *Roches granulitiques délitées par l'atmosphère*

CERRITOS-BAYOS

CALAMA *Tufs calcaires de précipitation chimique*

CERE

CONCHI *Travertins lacustres*

SAN PEDRO *Andesites. Scones et ponces*

POLAPI

ASCOTAN *Depôts de Borates de Chili*

CEBOLLAR

CARCOTE

OLLAGUE
FRONTERA
FRONTIERE
OFFICINE *Solfatare*

K.30
K.36
K.56
K.83
K.103
K.122
K.136
K.170
K.205
K.238
K.250
K.300
K.312
K.340
K.360
K.387
K.402
K.435

158.03
515.25
698.46
853.55
1024.25
1286.97
1341.70
1388.80
1673.59
2142.35
2265.77
2641.72
3015.84
3233.14
3772.69
3955.59
3729.00
3602.59
3636.24
3635.00

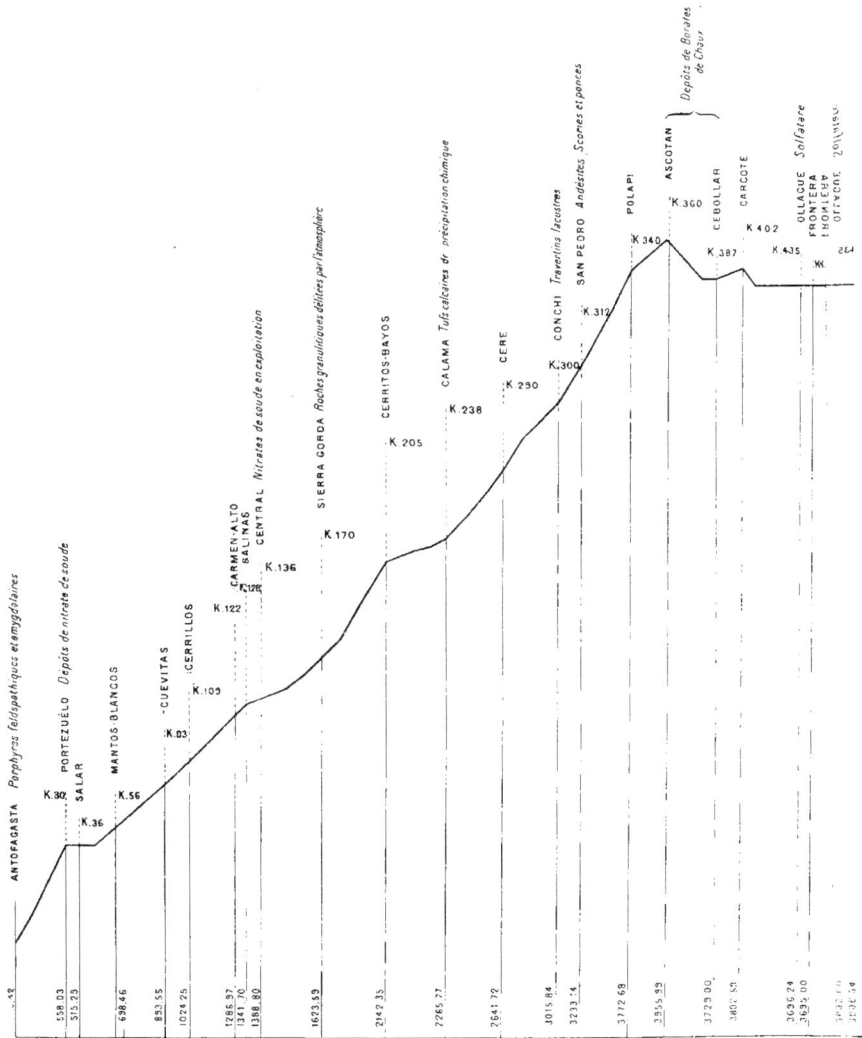

Profil général de la ligne Antofagasta-Oruro-Uyuni-Pulacayo,

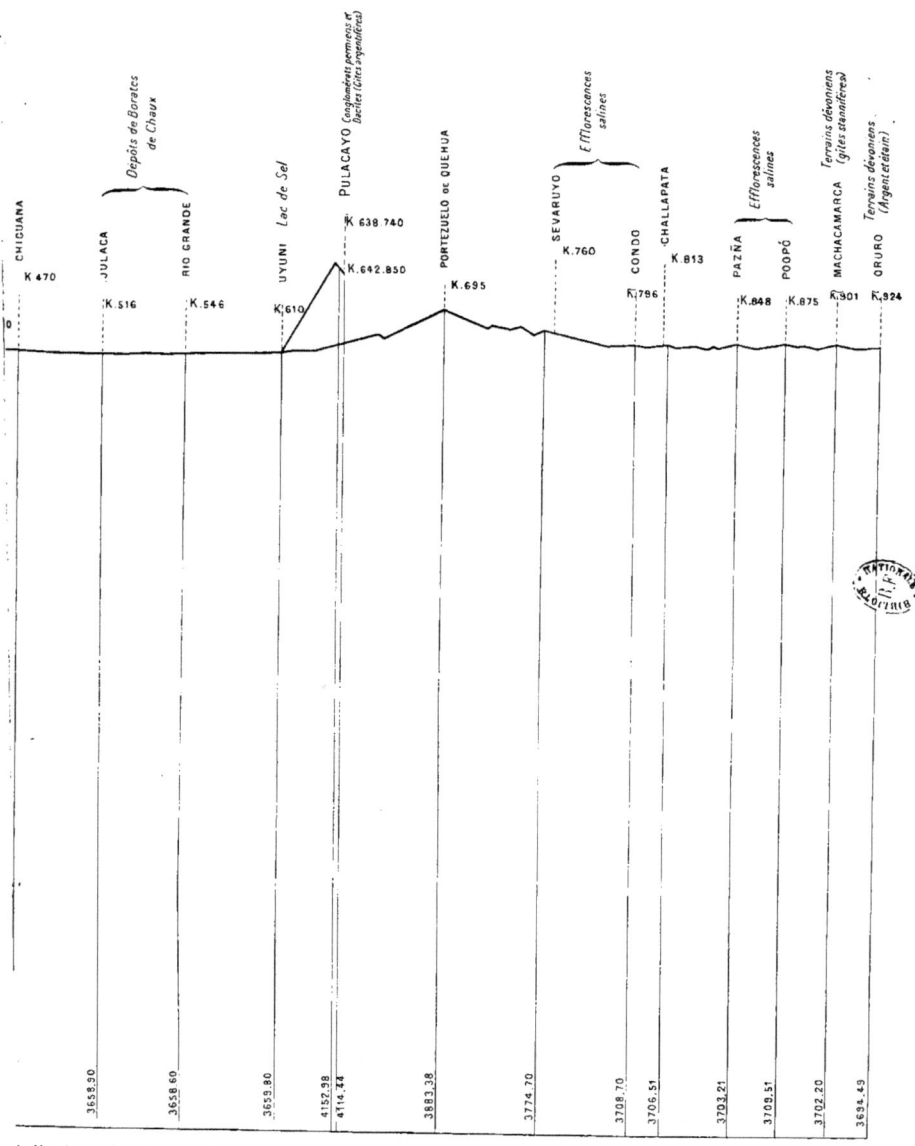

CHICUANA — K.470
JULACA — K.516 — Dépôts de Borates de Chaux
RIO GRANDE — K.546
UYUNI — K.610 — Lac de Sel
PULACAYO (conglomérats permiens et Bacites (Gîtes argentifères)) — K.638.740 — K.642.850
PORTEZUELO de QUEHUA — K.695
SEVARUYO — K.760 — Efflorescences salines
CONDO — K.796
CHALLAPATA — K.813
PAZÑA — K.848 — Efflorescences salines
POOPÓ — K.875
MACHACAMARCA — K.901 — Terrains dévoniens (gîtes stannifères)
ORURO — K.924 — Terrains dévoniens (Argent et étain)

3658.90   3658.60   3659.80   4152.98   4114.44   3883.38   3774.70   3708.70   3706.51   3703.21   3709.51   3702.20   3694.49

indication minéralogique des différents terrains traversés.

geur parvient insensiblement de 3 m. 40 (altitude prise à la station d'Antofagasta) jusqu'à Calama (2,266 mètres d'altitude); il traverse des roches pulvérisées qui ont dû être de la plus grande utilité pour exécuter les remblais.

A partir de Calama, la ligne atteint son maximum d'altitude à Ascotan (3,955 mètres), si l'on en excepte toutefois le tronçon sinueux de voie ferrée Uyuni-Pulacayo où le point le plus élevé est 4,152 mètres. D'Uyuni à Oruro, il n'y a plus d'accidents de terrain; le chemin de fer côtoie la lagune saline d'Uyuni à une altitude variant entre 3,700 et 3,800 mètres. Le profil schématique de la ligne Antofagasta-Oruro-Uyuni-Pulacayo indiquera, d'une manière plus frappante que ne le pourrait faire une longue description, les formes actuelles du relief du haut plateau bolivien.

Les roches stratifiées du désert d'Atacama ont une certaine allure, ou mieux une sorte de parallélisme très caractéristique qui tranche avec les roches éruptives à texture granitoïde formant saillie.

Allure des terrains sédimentaires suprajurassiques du désert d'Atacama

A la surface du sol, sur d'immenses étendues entre Pampa Neptune et au delà de la Laguna Blanca (environs de Pampa Central), se trouvent répandues de nombreuses calcédoines, les unes colorées, les autres blanches à reflets opalins, provenant des amygdaloïdes et dont la joaillerie pourrait tirer un excellent parti en raison de leur aspect chatoyant au polissage.

« Dans certaines roches amygdaloïdes, dit M. A. Daubrée, dans son ouvrage sur *Les eaux souterraines aux époques anciennes*, l'acide silicique ne s'est pas déposé à l'état anhydre ou de quartz, mais à l'état d'hydrate, c'est-à-dire d'opale. Parmi les localités où se rencontre l'opale, on peut rappeler le Siebengebirge ou Massif des Sept-Montagnes, auprès de Bonn, au-dessus de la plaine du Rhin et l'Écosse (Dumbarton). »

On peut citer le désert d'Atacama comme pouvant fournir des agates et des opales. Il est d'ailleurs aisé de constater la présence de porphyres amygdalaires le long de la Cordillère de la Côte, d'Antofagasta à la baie de la Chimba, par exemple.

J'ai aussi rencontré des amygdalaires sur le haut plateau bolivien, au Cerro Huanco près de Huancane, où ils accompagnent des trachytes. Il m'a été remis à San Pablo, dans la province Sur Lipez, comme provenant de Ovejeria, canton de Guadalupe, des géodes de couleur verte à base d'alumine et de protoxyde de fer tapissées de quartz améthyste.

Mais, pour revenir à notre désert d'Atacama, après avoir vu des sources séléniteuses à Calama, j'atteignis la région des volcans près de San Pedro, où se voient des andésites rougeàtres.

Quelques habitations en terre, bâties le long de la ligne du chemin de fer, ont été disloquées à la suite d'une secousse sismique survenue le 26 mai 1901 au San Pedro.

Cette région de San Pedro est la seule après Calama où la végétation est apparente; celle-ci existe surtout à la base du volcan San Pedro et consiste en *yareta* ou *llareta* (*Bolex glebaria*), plante très utilisée au Chili comme bois de chauffage avec le *queña*, arbuste du genre *Polylepis*, et qui croît en abondance à Ollague, frontière actuelle du Chili et de la Bolivie.

II

CONSIDÉRATIONS GÉNÉRALES SUR LA BOLIVIE.

I

La Bolivie, originairement appelée le Haut-Pérou, occupe sur le globe une situation particulière, au point de vue topographique. Le haut plateau bolivien, dont l'altitude oscille entre 3,800 et 4,000 mètres, a pour limites deux grands accidents orogéniques : la Cordillère des Andes d'une part, et la Cordillère Royale ou l'Antis des anciens auteurs. Les crêtes de la Cordillère Royale rivalisent en hauteur avec les plus hauts sommets des monts Himalaya, sans toutefois être aussi élevés que ces derniers.

Je n'ai malheureusement pas une idée positive de la constitution géologique de la Cordillère Royale, car je ne l'ai vue dans son ensemble que du haut de ses contreforts dévoniens, à Liman-Pata. Alc. d'Orbigny rapporte seulement que l'Illimani est composé, quant à sa base, de phyllades siluriens[1].

Or, si je m'en tiens à mes observations personnelles, il me paraît que l'activité dynamique a agi peu de temps après la période permienne, en déterminant les failles dans la province géologique du lac Titicaca et en imprimant la configuration générale du haut plateau, en grande partie tout au moins.

A ce moment déjà, la Cordillère de la Côte (*Cordillera de la Costa*), parallèle aujourd'hui à la grande Cordillère des Andes, essentiellement volcanique dans la région nord du Chili (zones de l'Aconcagua, du San Pedro), était esquissée.

---

[1] David Forbes est aussi du même avis. L'étude des roches recueillies par Sir Martin Conway dans les parties très élevées de l'Illimani révèle que leurs éléments sont essentiellement microgranulitiques ; il ressort donc que ce haut sommet n'est pas uniquement constitué par des roches sédimentaires.

Pendant l'ère secondaire, des dislocations nombreuses se produisent dans le désert d'Atacama, à Caracolès notamment; mais c'est surtout à la fin de l'époque tertiaire que se font jour des andésites à mica[1] avec tout un cortège de volcans, en conséquence de l'intensité des efforts orogéniques dans les portions primitivement fracturées.

Si nous nous demandons maintenant pourquoi les Andes, comme les autres massifs montagneux en général, s'élèvent plus ou moins au-dessus des océans, nous nous expliquons sur le terrain que leur structure résulte de mouvements verticaux et horizontaux, comme l'a si expressément indiqué Ed. Suess, et qu'alors le retrait du globe a favorisé des effondrements, des bossellements en produisant des failles et des redressements.

Les intrusions de rhyolites, de dacites en Bolivie le long de la Cordillère des Andes, manifestent un ébranlement considérable dans le sens radial. Ces roches volcaniques et néovolcaniques, dont l'apparition coïncide avec la venue des métaux à la surface du haut plateau, indiquent d'une façon assez éloquente qu'elles doivent occuper dans le magma fluidal des régions très voisines de celles des masses chlorurées métallogéniques.

Pour ce qui touche maintenant à la direction des Andes, il semble bien que la dynamique, dans cette question, ait joué un grand rôle.

En considérant d'une façon générale les grands traits orogéniques, on est frappé de voir que la structure montagneuse des Amériques a, par rapport aux ridements des autres continents, une orientation perpendiculaire, si l'on en excepte toutefois l'une des branches passant par la Nouvelle-Zélande, le Japon, la Kamtchatka.

---

[1] *Andésite*, nom créé par L. von Buch pour désigner certaines roches volcaniques des Andes dont le feldspath était regardé comme une espèce distincte. Ce terme est à peu près équivalent à celui de trachydolérite d'Abich. Les andésites sont aujourd'hui subdivisées, suivant la prédominance de l'élément ferro-magnésien, en andésite à horneblende, à mica, à augite et à hypersthène.

Or, dans cette répartition des ridements actuels, la pesanteur et la force centrifuge ont dû collaborer dans un sens inverse à déterminer les mouvements de l'écorce terrestre, en amenant des déplacements dans certaines portions de la lithosphère par suite de la diminution de son volume.

Le relief des Andes représente, géologiquement parlant, dans la physiologie tellurique, une phase éphémère eu égard aux époques à venir suivant lesquelles l'évolution est appelée à la modifier.

Et l'on est conduit à croire plus facilement la réalité de tels faits, lorsqu'on foule une zone aussi instable que celle des Andes qui avoisine le tropique du Capricorne.

II

Au point de vue hydrographique, il n'y a guère de région ayant une plus grande abondance d'eau que celle des Andes boliviennes. Le lac Titicaca, avec ses 250 milles carrés géographiques, forme la bordure nord du haut plateau. L'excédent de ses eaux s'en va par le Desaguadero jusqu'à la Pampa Aullagas ou lac Poopo.

Les nombreuses rivières boliviennes qui descendent de la déclivité Est de la Cordillera Real sont d'une assez grosse importance.

Le Rio Paro ou Béni, qui prend sa source dans le voisinage de la Paz, et le Marmoré, qui descend des contreforts de Cochabamba, s'unissent tous deux aux eaux du Madeira et de l'Amazone, tandis que le Pilcomayo[1], qui vient de Potosi, et le Vermejo, de la vallée de Tarija, après avoir pris une direction sudest à une assez grande distance l'un de l'autre, opèrent leur jonction avec le Paraguay. Ce dernier enfin va se terminer dans le Rio de la Plata.

Il y a en Bolivie un très grand nombre de rios ou rivières,

[1] Nous savons par des explorations que le Pilcomayo est difficilement navigable.

mais celles-ci n'ont pas d'issue vers la mer; beaucoup sont, de mai à novembre, en partie desséchées. Néanmoins le voyageur peut espérer trouver dans ses voyages sur le Haut-Plateau, à n'importe quel moment de l'année, au cours de l'itinéraire qu'il a reçu ou qu'il s'est volontairement tracé, une quantité d'eau supérieure à ses besoins journaliers pour sa caravane tout entière.

Je ne parle point des nombreuses sources, *ojos de agua,* qui sourdent de-ci de-là, en venant alimenter de petites lagunes dont le niveau reste généralement constant en raison de l'évaporation.

Toutes les eaux du Haut-Plateau sont loin d'être potables; elles sont quelquefois séléniteuses et le plus souvent chargées de sel et de soude.

Les Indiens de Bolivie ne font pour ainsi dire usage de l'eau que pour étancher leur soif, ils ignorent les soins de propreté corporelle; il est vrai que le nettoyage répété de la figure amène l'écaillement de l'épiderme, mais si «la peur d'un mal qui souvent fait tomber dans un pire» n'a jamais été éprouvée par les Indiens, je crois que le dicton pourrait trouver sa confirmation dans un cas d'épidémie.

A mon avis, le système hydrographique de Bolivie mérite d'acquérir une certaine importance pratiquement, si l'on songe à la captation des eaux pour l'établissement des forces motrices dans l'exploitation des mines.

Dans un avenir qui n'est peut-être pas très lointain, on saura tirer bénéfice des nombreux torrents, comme maintenant à Quechisla.

Le Desaguadero, aujourd'hui inutile, pourra être employé au service de l'extraction du charbon et du cuivre aux environs de Chacarilla, et demain la houille blanche servira à conquérir des richesses minières nouvelles et à s'emparer par l'électrolyse de minerais naturellement amalgamés et difficilement utilisables.

En parcourant les bords de quelques rios de la Cordillère

intérieure, le régime des eaux est le point qui m'a le plus frappé et qui vaut la peine d'être étudié, parce qu'il intéresse la géographie physique.

Les méandres, les boucles des rivières du Haut-Plateau attestent que celles-ci continuent à modifier leurs lits, et c'est surtout pendant la saison des pluies qu'une semblable activité atteint son maximum de puissance.

III

Quant à la flore de Bolivie, elle semble être en rapport avec les différences d'altitude; ainsi les plantes des Hauts-Plateaux diffèrent totalement de celles des environs de la Paz, de la province dite des *Yungas*[1]. En ce dernier point, voisin du Brésil, croissent, à côté d'une infinie variété d'essences tropicales, des caoutchoucs (*Siphonia elastica*), des vanilliers et surtout des buissons d'*Erythroxylon coca*, arbuste touffu dont la hauteur varie entre 2 et 3 mètres.

La coca, pour l'appeler par son nom courant, a des propriétés remarquables sur le tempérament des Indiens, qui en mâchent continuellement les feuilles[2].

Aucun Indien en Bolivie ou au Pérou ne se mettra en route sans emporter avec lui sa provision de coca, qui doit lui servir à supporter les plus grandes fatigues et à voyager sans faire usage, pour ainsi dire, de nourriture.

L'Indien avec sa coca est tout à fait étonnant, car il n'a guère besoin d'autre chose pour se soutenir. Il porte ses feuilles de coca dans un petit sac tissé en poil de vigogne dont il ne se dessaisit jamais, et qu'il nomme *chuspa*.

L'Indien est aussi très gourmand d'un certain mélange de coca avec les cendres de quinoa (*Chenopodium Quinoa*).

L'effet presque merveilleux de la coca a inspiré le poète

---

[1] Yungas, de *yunca* «vallée chaude». — [2] En 1740, Joseph de Jussieu envoya le premier de Coroico en France la coca que déterminèrent ensuite Laurent de Jussieu et Lamarck.

IMPRIMERIE NATIONALE.

Cowley qui représente l'Indien Pachacamak, s'adressant à la divinité en ces termes :

> Our Vira Cocha[1] first the coca sent,
> Endowed with leaves of wondrous Nourishment,
> Whose Juice succ'd in, and to the Stomach taken,
> Long Hunger, and long Labour can sustain;
> From which our faint and weary Bodies find
> More succour, more they cheer the drooping Mind
> Than can your Bacchus and your Ceres join'd.
> Three leaves' supply for six days' march, afford
> The Quitoita with this provision stor'd,
> Can pass the vast and cloudy Andes o'er.

La coca doit ses propriétés à un alcaloïde appelé cocaïne, très vénéneux, quoique identique dans son action physiologique aux principes du thé, du café ou du cacao. Bien qu'on ait regardé le suc des feuilles de coca comme un aliment très inoffensif, il m'a semblé que le caractère souvent excentrique des Indiens adultes ne devait pas être étranger à l'abus de la coca.

La coca a certainement un effet désastreux du côté cérébral sur les Européens qui se sont mis à la mâcher.

Sur les hauts plateaux, les Indiens quechuas et aymaras cultivent, en dehors de l'orge, un petit haricot, *Chenopodium Quinoa* Linn., et principalement la pomme de terre [2]. Les Indiens de Bolivie ne la mangent qu'après l'avoir fait geler au préalable; elle a ainsi une apparence blanchâtre et porte le nom de *chuño*.

J'ai, à titre d'expérience, acclimaté des pommes de terre boliviennes aux environs de Paris dans le terrain argilo-ferrugineux de la Beauce. Les tiges de ces dernières, en outre d'une tubérosité à la naissance des tigelles, atteignirent un développement extraordinaire (1 m. 20) aux dépens des tubercules eux-

---

[1] Vira Cocha était le nom d'une célèbre momie Inca (?) trouvée au Cuzco et réenterrée à Lima dans une cour de l'hôpital Saint-André (cf. GARCILASO DE LA VEGA et F. DE CASTELNAU, *Exp. dans les parties cen-* *trales de l'Amérique du Sud*, année 1851, t. IV, p. 46).

[2] La pomme de terre pousse même à l'état sauvage dans quelques endroits élevés du Haut-Plateau.

mêmes, qui d'oblongs s'étaient arrondis en rapetissant. La force de la végétation s'était portée sur la tige aérienne à un tel point que les tigelles étaient pourvues de petits tubercules.

Malgré l'époque tardive à laquelle j'ai arraché ces pommes de terre (24 octobre 1904), elles étaient encore en fleurs.

Nous savons par E. Roze que, d'après un document de 1588 conservé au musée Plantin, à Anvers (Belgique), le botaniste Charles de L'Escluse constate ainsi la date de la réception de tubercules en Europe : ·

« Taratoufli reçu à Vienne de Philippe de Sivry, le 26 janvier 1588. — Papas des Péruviens, de Pierre Cieça[1]. »

« La pomme de terre, originaire du Chili, écrit E. Roze, était depuis un temps immémorial cultivée au Pérou.

« Elle fut, par les Espagnols après la conquête, transportée du Pérou en Espagne et passa de là en Italie. Un légat du pape en apporta des tubercules en Belgique pour sa consommation et un des personnages de sa suite en remit quelques-uns en 1587 à Philippe de Sivry, gouverneur de Mons-en-Hainaut. Celui-ci envoya deux tubercules et un fruit, en 1588, à Charles de L'Escluse, alors intendant des Jardins impériaux à Vienne (Autriche) et lui adressa à Francfort-sur-le-Mein, l'année suivante, l'original d'un dessin colorié. De L'Escluse cultiva les tubercules dans son jardin particulier, d'abord à Vienne, puis à Francfort, et fit de ces récoltes une assez grande distribution pour constater peu après que la pomme de terre était devenue assez vulgaire dans la plupart des jardins de l'Allemagne, tant elle est féconde. »

Vers le même temps, Thomas Harriott, qui faisait partie de l'expédition de Sir Walter Raleigh envoyée par la reine Elizabeth en 1584 pour découvrir des pays nouveaux en Amérique du Nord, rapporta la description d'une plante qui n'était autre que celle de la pomme de terre et que les indigènes nommaient *openawk* dans le pays que Raleigh appela *Virginia*.

---

[1] Pedro Ciéça de Leon est l'auteur de la *Chronica del Peru*. Sevilla, 1553.

A côté de l'orge, du quinoa et de la pomme de terre, le sol
des hauts plateaux donne naissance à des graminées très dures
couramment employées pour couvrir toutes les habitations en
général, ainsi qu'à des cactus (*Cereus Quisco*)[1] dont les Indiens
savent tirer comme bois un profit immédiat dans l'édification
de leurs cases. Le bois est une matière très rare sur l'altiplanitie,
où il ne pousse que des arbustes. La minéralisation excessive du
sol me paraît être une des principales causes de son infertilité,
et, si l'on tient compte de la raréfaction de l'air à des altitudes
variant entre 3,000 ou 4,000 mètres, et même au delà, on s'éton-
nera moins de la rareté et aussi de la maigreur de la flore sur le
Haut-Plateau bolivien.

IV

Il est donc aisé de comprendre les difficultés que le voyageur
éprouve à parcourir un pays aussi dépourvu de ressources vé-
gétales. Si vous vous éloignez des villes, il vous faut parcourir
rapidement les pampas pour ne point vous exposer à passer la
nuit dehors et surtout pour ne point faire jeûner vos mules,
car on ne peut espérer trouver de fourrage dans un « tambo »
indien[2] que toutes les quinze à vingt lieues. Il est indispensable
aussi d'avoir avec soi ses conserves alimentaires, ses couvertures, sa carabine, ses cartes et ses instruments. Les mules de
charge vous précèdent généralement, et c'est l'affaire de l'arriero
de les soigner : heureux encore si celui-ci, par paresse, ne
cherche pas à se débarrasser de vos collections pour leur sub-
stituer en temps opportun quelques informes spécimens minéralogiques ramassés au hasard. Aussi le voyageur naturaliste
doit, en Bolivie, s'assurer du concours précieux d'un Indien dé-
voué, car lui seul peut obtenir la nourriture des mules, alors
qu'égaré à plusieurs centaines de lieues des villes il s'en faut

[1] *Cereus Quisco* est cantonné dans certains points montagneux de Bolivia, Pulacayo, Colcha, Cobrizos, etc.; il en est de
même d'une plante résineuse parasitaire,
la yareta (*Bolex glebaria*) Pulacayo, etc.

[2] *Tambo* correspond à peu près à une
petite auberge; c'est en réalité, en Bolivie,
un refuge pour dormir.

remettre entièrement au bon plaisir d'un corrégidor inhospitalier.

En Bolivie, il faut s'attendre à supporter alternativement des chaleurs tropicales et des froids excessifs ; il fait très chaud dans la journée, et, la nuit, le thermomètre descend à plusieurs degrés au-dessous de zéro.

Comme il n'existe pas de chemins à proprement parler sur les hauts plateaux, on emprunte le plus souvent les lits des rivières ou des torrents lorsqu'ils sont desséchés. Cette considération m'amène à relater que le meilleur moment pour voyager dans ce pays, c'est de mars à septembre, c'est-à-dire pendant la saison sèche. Le froid est plus vif la nuit, mais on n'a pas à craindre les orages effroyables qui se déchaînent en été, au mois de décembre.

On peut dire, d'une façon générale, que le climat du Haut-Plateau bolivien se rapproche fort de celui du nord du Chili qui le commence.

Le printemps débute en septembre, l'été en décembre, l'automne en mars et l'hiver en juin.

Étant donnée l'immensité des territoires inhabités ou placés dans des conditions voisines de la barbarie, il faut, pour qu'une exploration soit fertile en résultats, que cette dernière ait une durée d'au moins six mois.

Il est inutile de compter sur l'Indien pour obtenir des renseignements ; si vous lui demandez quelque chose, sa réponse est toujours la même : « Il ne sait rien ». En réalité, il feint de ne rien savoir, persuadé qu'en agissant ainsi il s'attirera de la compassion. Un moyen pour gagner la confiance de l'Indien est de faire connaissance avec son dialecte ; alors seulement, il vous fera quelques confidences, petit à petit, — *poco a poco*, comme on dit en espagnol.

La psychologie des Indiens Aymaras des environs ouest du lac Titicaca est aussi très curieuse. Ils ont la plus grande défiance vis-à-vis du *gringo* (c'est le nom qu'ils donnent à l'étranger en général), et si ce dernier s'avise de se promener dans la pampa avec des instruments sans en avoir prévenu les Indiens, ceux-ci attribuent tout ce qui leur arrive éventuellement de fâcheux aux instruments eux-mêmes, et partant à ceux qui les détiennent.

On conçoit dès lors, étant donné le caractère entier et farouche des Aymaras, l'imprudence que l'on commet en n'assurant pas à son service au moins un Indien parlant l'aymara pour se protéger contre les attaques possibles que pourrait susciter la superstition indienne[1].

[1] Il resterait une foule de détails bien curieux à noter sur les mœurs des Indiens Aymaras, mais je ne puis les relater ici sans sortir de mon cadre. Pour tout ce qui concerne les Indiens des Hauts-Plateaux, on consultera d'ailleurs avec beaucoup d'intérêt les rapports documentés de notre ami le Dr Chervin sur l'*Anthropologie* de la Mission.

III

LE HAUT-PLATEAU DE BOLIVIE.

NOTES ET OBSERVATIONS GÉOLOGIQUES.

Le Haut-Plateau de Bolivie se prolonge du Nord-Ouest au Sud-Est entre les deux Cordillères, à partir du nœud d'Apolobamba, ou mieux orographiquement de Vilcanota jusqu'aux *Nevados de Lipez*. Les roches éruptives du grand plateau consistent au Nord-Est en granulites ; elles couronnent l'Illimani et les massifs dévoniens de la zone d'Oruro.

Au Sud-Est percent des dacites (Pulacayo, San Antonio de Lipez) et des ryolites (Chorolque)[1]. Si l'on passe aux terrains sédimentaires, on trouve, en commençant par le plus inférieur, le silurien. Les roches de cet étage se montrent dans les ravins sous les roches dévoniennes qui les recouvrent gé-

Schéma de l'Illimani montrant la disposition présumée des roches microgranulitiques *b* par rapport aux terrains siluriens *a*.

néralement. Elles sont toujours formées de phyllades gris extrêmement friables et sensiblement parallèles à l'orientation N. O.–S. E. J'ai rencontré ces phyllades aux environs de San Pablo, de Quechisla et de La Paz.

Quant au dévonien, son extension paraît considérable dans

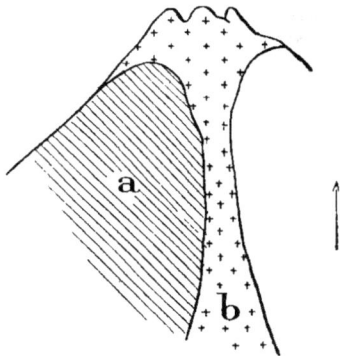

[1] Sur plusieurs points du Haut-Plateau, dans la région d'Oruro notamment, la forme lenticulaire des roches éruptives reproduit les circonstances de laccolithes. Steinmann signale l'existence de laccolithes granitiques en connexion avec les phyllades siluriens dans la *Cordillera de Escaya*.

l'Amérique méridionale. Ulrich a démontré que les formations dévoniennes de Bolivie se reliaient à celles de l'Amérique du Nord, d'une part, et à celles du Brésil et de l'Afrique du Sud, de l'autre. Toute la partie comprise entre Machacamarca, Huaillas et Sica Sica est essentiellement constituée par des grès rouges dévoniens.

Il est naturel de penser que la faune dévonienne est mieux connue que la faune silurienne en Bolivie, car le silurien est, d'une façon générale, très altéré ; en certains points des environs de La Paz, il est converti en une boue grasse et compacte.

Le carboniférien marin du Haut-Plateau mériterait une étude toute particulière. Les échantillons fauniques du terrain carbonifère que j'ai vus chez M. Stadler, vice-consul de Belgique à La Paz, consistent en brachiopodes et crinoïdes, et, comme le calcaire carboniférien présente à Copacabana le même aspect que celui de Visé, il est permis de croire en Bolivie à l'existence du dinantien.

D'autre part, la série du « Coal measures » existe à l'île Titicaca.

Le carboniférien s'étend parallèlement à la Cordillera Real, le long du Desaguadero ; il a même été rencontré vers Cochabamba, mais son épanouissement semble exister plutôt vers le Brésil. Son facies est tantôt calcaire et gréseux, tantôt houiller. La houille, telle qu'elle se présente à l'état d'affleurement, n'est pas actuellement exploitée en Bolivie, car on la trouve trop pyriteuse. Il serait, à mon avis, important de prospecter davantage une matière aussi précieuse.

En ce qui concerne les terrains permiens, je leur ai assigné sur mon itinéraire géologique une superficie peut-être beaucoup plus grande que celle qu'ils doivent réellement occuper. J'ai obéi en cela à l'idée de réunir Coro Coro à Cobrizos, Pulacayo, San Vicente. C'est un peu hardi, car, dans les masses de grès rouge et les conglomérats qui s'étalent largement dans ces divers endroits, il y a une absence complète de faune. Étant donnés cependant la liaison du permien avec le terrain houiller aux environs de Coro Coro[1]· et le rapport intime des assises cuprifères de Coro Coro et de Cobrizos, je me suis enfin décidé à relier des localités très éloignées les unes des autres. Il se pourrait que la découverte inattendue d'une flore dans les grès rouges du sud-est de Bolivia amenât une conception plus précise ou une modification complète de ces vues, dont la valeur stratigraphique est plutôt subjective. Je tiens donc à montrer une certaine prudence à l'égard de l'âge des grès rouges et des conglomérats de Cobrizos, Pulacayo, San Vicente.

Sachant que les terrains crétacés couvraient dans le Sud-Amérique une aire géographique très grande, de la Patagonie jusqu'au Vénézuéla oriental, j'ai naturellement dirigé mes recherches avec l'idée anticipée de découvrir des fossiles marins crétaciques dans les grès rouges du sud de la Bolivie. Dans mon parcours *extrêmement rapide* à travers des zones inhabitées (environs de San Vicente et de San Antonio de Lipez), je n'ai trouvé aucun fossile qui pût m'éclairer sur l'âge crétacique de roches, qui sont très métamorphisées. Les terrains tertiaires semblent niveler une partie du Haut-Plateau (Cobrizos, environs de Julaca, Uyuni). Ils sont formés de dépôts lacustres et alluvionnaires. C'est surtout pendant la période pleistocène que l'alluvionnement a dû se produire d'une façon intense. Alors de véritables bassins, dont il ne reste plus aujourd'hui que des vestiges (lac Poopo, laguna Coipasa, laguna Chilcaya), se constituaient sur l'altiplanitie, et les roches éruptives et sédimentaires se trouvaient, en raison de précipitations atmosphériques abondantes, disséquées et charriées à des distances considérables, comme on peut le constater dans les Sierras de Chichas et dans les environs de La Paz. Les défilés

---

[1] Cette liaison a été constatée également dans la région des Apalaches. Aucune démarcation ne sépare le système permien du terrain houiller, et cependant ces deux formations sont différentes (cf. WHITE et FONTAINE, *Permian Flora of West Virginia,* 1880).

profonds ou *cañons* des environs de Portugalete et d'Atocha
(Bolivie) sont comme des témoins majestueux de la grandeur
des phénomènes de démolition et de creusement.

L'altiplanitie, dans sa dépression naturelle, était, à l'époque
pleistocène, occupée par un immense lac dont les limites paraissent s'être sensiblement rétrécies. Les bassins dont j'ai parlé
plus haut se devaient vraisemblablement rattacher au lac Titicaca, que l'on compare assez justement à une grande mer intérieure.

Actuellement, le desséchement du lac Titicaca est manifeste.
Une de ses parties nommée *Uinamarca* ou « Lac desséché »,
d'après E. Guillermo Billinghurst, serait une indication histo-
rique de l'abaissement des eaux du lac Chucuyto, plus communément appelé Titicaca[1].

Le déversoir véritable du lac Titicaca est vraisemblablement
le Desaguadero, qui, à travers l'axe général du Plateau bolivien, a dû tout naturellement transporter dans la partie basse
d'Oruro et dans celle un peu plus basse d'Uyuni le trop-plein
du lac Titicaca.

A Uyuni, en effet, comme j'ai pu nettement le constater, ce
sont des argiles fluentes qui supportent des couches de sel
dont l'ensemble forme une épaisseur d'au moins un mètre; or
ces argiles représentent tout simplement des apports aqueux et
donnent quelque vraisemblance à cette opinion.

Sur le versant oriental du Haut-Plateau bolivien, où les
eaux sont des plus abondantes, le caractère du paysage montagneux diffère totalement de celui des chaînes alpines ou
pyrénéennes. Sur les pentes les plus rapides des Andes, on ne
voit aucune cascade, car la nature même des roches s'y op-
pose. Ce sont des grès rouges dévoniens dont la résistance est
si faible, que la dénudation a pu mettre à découvert des lam-

---

[1] D'après Élisée Reclus, *Titicaca* signifierait « pierre d'étain ». Si l'on admet cette
étymologie, il faut supposer qu'il y ait eu corruption du mot aymara *cala* « pierre »
en *caca*.

beaux de phyllades siluriens qui leur étaient immédiatement inférieurs.

A Tiahuanaco, les interbandes montagneuses dévoniennes qui suivent parallèlement la direction de la Cordillère orientale offrent des exemples typiques d'érosion. Les eaux météoriques ont imprimé au relief une physionomie bien curieuse.

Vue d'une des tables gréseuses de la Meseta bolivienne,
prise du sommet du Cerro Hakapana, à 3,860 mètres d'altitude (Tiahuanaco).

L'érosion continue son œuvre de destruction en maints endroits du Haut-Plateau. Entre Viacha et Coro Coro notamment, les eaux de ruissellement entament la surface du sol et creusent des sillons profonds (*barrancas*).

Une des particularités les plus remarquables de la *Meseta* bolivienne est l'existence, aux environs de Tiahuanaco, de tables gréseuses que la dénudation a épargnées et à propos desquelles la topographie peut utilement fournir des éclaircissements précis quant à leur étendue, d'une part, et quant à leur direction générale de l'autre[1].

Pendant mon séjour à Tiahuanaco, je fus frappé du travail chimique de la pluie sur les gros blocs de trachydolérites qui composent les fameuses ruines préincasiques. Aussi me suis-je demandé s'il n'y avait pas là un moyen de connaître à peu près

Indien accroupi.
Statue en grès rouge dévonien.
(Ruines de Tiahuanaco.)

Indienne accroupie.
Statue en grès rouge dévonien.
(Ruines de Tiahuanaco.)

l'époque de leur érection, en calculant l'attaque progressive des blocs par rapport à leurs surfaces extérieures déjà entamées. Outre que je me trouvais dans des conditions mauvaises pour établir le résultat de l'activité chimique pendant quatre

[1] Comme j'ai pu le contrôler avec M. Franz Schrader, ces tables sont nettement délimitées sur la portion de la carte de Bolivia (environs de La Paz), encore inédite, que ce savant a fait relever au moyen de son tachéographe.

mois, je vis que des calculs de longue durée donneraient encore aux approximations une part trop grande en raison des divers degrés de dureté des pierres en question. Ainsi certains blocs monolithes ne sont pour ainsi dire point attaqués, alors que d'autres sont très corrodés.

Les terres qui, par suite de dénudation, se sont accumulées au-dessus des constructions avoisinant les grands alignements de Tiahuanaco ont une épaisseur si variable, qu'on ne peut en aucune façon s'en servir comme point de repère pour déchiffrer l'âge des ruines. Il convient donc de chercher en dehors de la géologie les moyens d'établir l'antiquité des constructions de Tiahuanaco. Les dessins gravées au trait sur pierres de Bolivie (Tiahuanaco) sont si identiques à ceux du Mexique (Yucatan) qu'il est permis d'affirmer que la civilisation mexicaine s'est avancée jusqu'au lac Titicaca.

Ainsi s'efface la légende d'après laquelle l'île du Soleil est considérée comme lieu d'origine des hommes et de la civilisation dans cette partie de l'Amérique du Sud.

Les représentations humaines des sculptures de Tiahuanaco sont bien des types indiens.

Forme du marteau emmanché représenté sur une statue provenant des ruines de Tiahuanaco.

Les outils qui ont dû servir à sculpter et à débiter les blocs de pierre devaient être analogues, sinon identiques, au marteau dessiné en relief sur une statue en trachyte provenant des ruines de Tiahuanaco.

Une question qui, naturellement, ne manque pas de se présenter à l'esprit en présence des antiques constructions de Tiahuanaco, c'est la façon dont on a pu transporter autrefois des pierres d'une taille colossale, alors qu'aujourd'hui on éprouverait de grosses difficultés à le faire avec les moyens perfectionnés dont on dispose. Devant les gigantesques blocs de trachytes et de grès d'Hakhapana et de Puma Punco[1], le voyageur éprouve un sentiment de pro-

_____

[1] *Puma punco*, mot aymara signifiant « la Porte du Puma ».

fond étonnement. Que de temps il a fallu pour ériger de pareilles constructions, que d'existences humaines elles ont dû coûter !

À côté d'une force musculaire inouïe qu'on a certainement déployée pour charrier ces trachytes et ces grès, une force expressive tout aussi merveilleuse que la première a été mise en jeu pour les graver. Quelle hardiesse de trait, quelle imagination chez les sculpteurs de Tiahuanaco ! Ils ont représenté avec un fini dans les détails et une sûreté de main admirables des symboles à multiples interprétations. Tous les dessins gravés sur trachyte ou sur grès ont, en effet, un sens symbolique : la Puissance et l'Humiliation sont représentées tour à tour sous des figures animales. On entrevoit certainement dans ces représentations des degrés de civilisation.

Je n'insisterai pas autrement ici sur le détail des ornements d'interprétation, car je me réserve le soin de les décrire ultérieurement et de les interpréter comme je le conçois. Qu'il me suffise de dire qu'ils représentent les seuls feuillets écrits d'une civilisation antique complètement effacée de la mémoire des Indiens actuels de Tiahuanaco[1].

Quant aux études géologiques de Bolivie, elles ont été poursuivies sur le terrain avec une haute compétence par le professeur G. Steinmann lui-même, et les résultats ont été consignés dans *Beiträge zur Geologie und Paleontologie von Südamerika*.

Le géologue Ed. Suess a consacré, dans son œuvre magistrale, *Das Antlitz der Erde,* un chapitre sur l'Amérique du Sud où se trouvent résumées d'une façon critique les connaissances actuelles sur les Andes de Bolivie et du Chili.

À côté d'indications sommaires, le Bulletin de la Société de géographie de La Paz donne quelques renseignements intéres-

---

[1] Il ne reste plus aucune autre légende que celle des flammes que les Indiens croient voir apparaître devant eux auprès des ruines, et qui sont probablement des réminiscences du culte du soleil.

sants sur la répartition des faunes de Bolivie. On ne saurait les indiquer à une meilleure place qu'ici[1].

A Urmiri (département de La Paz), à 300 mètres d'altitude, on rencontre des poissons siluriens.

L'Illampu a livré *Bucania* (Bellerophon) *trilobata* de l'époque silurienne.

A Sora Sora (département d'Oruro), à 3,600 mètres d'altitude, on a découvert des traces de *Cruziana*.

A Acero-Marca, dans la province de Yungas, les fossiles siluriens sont assez abondants.

Les formations dévoniennes sont plus étendues; elles occupent la zone d'Oruro. Aux alentours du Cerro Chorolque, on aurait trouvé des fossiles dévoniens.

Le terrain carbonifère est assez développé aux alentours du lac Titicaca; à Huarina, par exemple, port dudit lac, il existe de nombreux fossiles carbonifères (articles crinoïdiens et *Productus longispina* Sow.).

Dans l'Acre, on a rencontré des restes de *Mosasaurus*, grand reptile marin de la fin de la période crétacée.

De Tarija, on a déterminé des ossements divers de *Mastodon Andium*, *Megatherium americanum*, *Scelidotherium capellinitarijensis? Glyptodon clavipes*, *Lestodon armatus* et *Macrauchenia patagonica*. D'après E. Nordenskiold[2], le sol de Tarija est constitué par un limon fin, non stratifié, avec de rares veines de sable et de gravier. Les couches supérieures de ce limon se composent d'une terre de couleur gris jaunâtre, pauvre en ossements; au-dessous de ces premières couches, probablement décalcifiées, les dépôts sont, d'une façon générale, riches en mammifères fossiles et d'une couleur sombre.

La vallée de Tarija est connue pour la richesse de ses mammifères pleistocènes. Le premier qui forma une collection de

[1] *Sinopsis Estadistica y geografica de la Republica de Bolivia*, t. I. La Paz, 1903, p. 22 à 25.

[2] Erland NORDENSKIOLD, *Ueber die Säugethierfossilien in Tarijathal, Sudamerika* (Bulletin de l'Institution géologique d'Upsal [Suède], n° 10, vol. V, part. II, 1902).

grande importance fut Weddel, qui a passé plusieurs années
en cet endroit. Ses fossiles ont été décrits par Gervais[1]. Plus
tard, Enrique de Carles réunit de nombreux fossiles pour le
Musée national de Buenos-Aires. Ce sont ceux qui ont servi de
base à Burmeister pour ses recherches paléontologiques[2].

« Après avoir examiné les différents ravins de la vallée de
Tarija, — dit E. Nordenskiold, — j'appelle l'attention sur cette
circonstance que les espèces communes ne sont pas réparties
également dans les divers points; tout au contraire, dans un
endroit on trouve une grande quantité d'ossements d'une même
espèce; dans un autre, ce sont des espèces variées qui constituent la majeure partie des ossements.

« Dans les ravins de San Luis, il y a de nombreux mastodontes
et des ossements de *Scelidotherium*. A l'est de Tarija, les mastodontes sont communs. Sur le chemin de Tarija à Tolomosa
on trouve : *Equus curvidens, Lestodon armatus* et *Megatherium
americanum.* »

Les alluvions de Tarija auraient, m'a-t-on dit, livré des ossements humains. Ceux-ci sont-ils, oui ou non, contemporains
des dépôts limoneux? Ce serait là une question extrêmement
intéressante à élucider, mais qui ne peut être étudiée d'une
façon critique que sur place et dans des conditions d'observation spéciale.

Pour expliquer l'origine du lœss de Tarija, la théorie éo-
lienne de Richtofen ne rend pas suffisamment compte de l'intensité du phénomène alluvionnaire. Il me paraît nécessaire
de faire intervenir, comme cause de la démolition des masses
gréseuses, des pluies diluviennes.

En effet, maintenant le lœss à Tarija, loin de se constituer,
s'érode en forme de pain de sucre, comme on peut l'observer
sur les photographies prises par le comte de Rosen, repro-
duites dans la brochure de Nordenskiold que j'ai précédem-

---

[1] Gervais, *Recherches sur les mammifères fossiles de l'Amérique méridionale.*
Paris, 1855. (Exp. de Castelnau.)

[2] Burmeister, *Los caballos fosiles de
la pampa argentina.* Suplemento. Buenos-
Aires, 1889.

ment citée. La raison est que les conditions climatériques actuelles ne sont évidemment plus les mêmes qu'autrefois.

Mon collègue de Mortillet, de retour de Tarija (Bolivie), m'a remis une série de fossiles provenant de cette localité[1]. Les roches qui empâtent ces fossiles se distinguent facilement : 1° en calcaires schistoïdes de couleur gris clair ; 2° en grès micacés tendres et ferrugineux. Ces deux sortes de roches appartiennent, les premières au silurien, les secondes au dévonien. Ce sont des schistes à lingules et à graptolithes (*Dendrograptus, Dictyonema*), *Cambrien*, et des grès à spirifers et à conulaires correspondant aux assises de Néhou, *Coblentzien*.

FAUNE DE TARIJA.

A. — *FAUNE SILURIENNE.*

Genus **Dendrograptus** Hall.

J. Hall, Figures and Descriptions of Canadian organic remains D. II. *Geol. Survey of Canada*, 1865.

Dendrograptus Hallianus Prout. (Silur.). — Nous avons un exemplaire de ce genre provenant de Tarija (Bolivie). Les cellules sont petites; elles constituent des branches. Cette espèce passe insensiblement par la forme aux genres *Dictyonema*. L'espèce que nous représentons, quoique enchevêtrée en raison du métamorphisme mécanique des couches siluriennes (fig. 5, pl. VIII), indique cependant bien les branchements.

Genus **Dictyonema** Hall.

Dictyonema. *Pal. N. Y.*, vol. II, p. 174, 1852 ; *Geol. Survey of Canada, Report for 1857*, p. 142.

Graptopora Salter. *Proc. Amer. Assoc.* Montréal, 1857 ; *Geol. Survey of Canada, Report for 1865*, p. 12.

---

[1] Il m'est particulièrement agréable de remercier vivement M. le professeur H. Douvillé, qui m'a largement fait profiter de ses vastes connaissances paléontologiques et de sa bibliothèque pour la détermination des fossiles de Tarija.

A Tarija également, on rencontre *Dictyonema retiformis* Hall. Chez cette espèce, les branches sont réunies par des lignes latérales avec des cellules angulaires (fig. 7, pl. VIII).

Genus Lingula Brug.

Lingula cf. attenuata Sow. (Silur.). — Davidson, *Mon. Br. Silur. Brach.*, 1866, p. 44, t. III, fig. 18-27. — Hall, *Pal. New York*, 1847, vol. I, p. 94, t, XXX, fig. 1. — A. Ulrich, *Beitr. zur Geol. und Palæont. von Südamerika*, 1892, pl. I, fig. 3.

Tarija (fig. 1, pl. VIII).

Trilobitæ.

Genus Asaphus.

Asaphus boliviensis d'Orb. (Silur.) [*Voyag. Am. mérid.; Géol.*, pl. I, fig. 8-9].

A. boliviensis a été recueilli par D'Orbigny, au sein des phyllades micacés siluriens de Bolivia, sur les coteaux de Rio Grande, province de Valle Grande; dans la province de Taco-paya, dans celle de la Laguna et aux environs de Cochabamba. Je trouve un pygidium et un fragment de céphalothorax de cette espèce caché en partie sous le pygidium dans un fragment de phyllade grise provenant de Tarija (cf. pl. VIII, fig. 3)[1].

B. — *FAUNE DÉVONIENNE.*

Trilobitæ.

Genus Cryphæus Green.

Cryphaeus cf. giganteus Ulr. (Dévon.). — Je n'ai de cette espèce que des fragments assez mal conservés provenant de Tarija (pl. VII, fig. 1, 2, 6, 7, 8, 10), que je rapporte avec la plus grande réserve à *C. giganteus* Ulr.

---

[1] Dans cette même roche de Tarija se trouvent disséminées des petites lingules. Elles rappellent les couches à lingules de Bretagne. Je les rapporte à *Lingula* cf. *attenuata* Sow.

C. giganteus a été ˙rencontré avec *Spirifer chuquisaca;* il a été signalé à Chahuarani et Tiahuanaco[1].

Conularida.

Genus Conularia.

Conularia cf. acuta A. Rœmer. — A. Ulrich. *Beiträge zur Geologie und Palæontologie von Südamerika,* 1892, pl. III, fig. 5 *a,* 5 *b.*

Notre espèce provenant de Tarija se rapporterait aussi bien au groupe *ornata?* d'Arch. et Vern. (pl. VII, fig. 3, 9). Elle a des côtes plus fines que *C. acuta,* mais celles-ci doivent dépendre probablement d'un développement plus ou moins rapide des espèces.

Conularia cf. *acuta* a été rencontrée à Chahuarani, Tarabuco, Humampampa et entre Oconi et Pulquina.

Conularia Quichua Steinmann. — Döderlein, *Elemente der Pal.,* 1890, p. 343, fig. 395. D. E. — A. Ulrich, *Beitr. zur Geol. und Palæont. von Südamerika,* 1892, pl. III, fig. 7 *a, b.*

Notre espèce de Tarija pourrait être également rapprochée par ses côtes pointillées du groupe *Gervillei* Vern.

Steinmann a rencontré *C. Quichua* dans les couches à conulaires près Chahuarani, Icla, Huamampampa, et entre Totora et Chalhuani.

Lamellibranchiata.

Genus Nuculites Conrad.

Nuculites Beneckei Ulr. (Dévon.). — Ulrich classe avec *Nuculites* de Conrad et non avec *Cucullella* deux espèces provenant des couches à conulaires de Chahuarani qu'il a figurées dans sa description des fossiles paléozoïques de Bolivia[2]. *N. Beneckei* possède, outre les impressions des deux adducteurs, un nombre d'impressions musculaires accessoires comme l'in-

---

[1] A. Ulrich, *Beiträge zur Geol. und Palæont. von Südamerika,* 1892, pl. I, fig. 6-8. —
[2] Idem, *Ibid.,* pl. II, fig. 16, 17.

dique Hall dans sa diagnose du genre *Nuculites*[1]. Il est sans
doute possible, même probable, dit Ulrich, que les formes
décrites jusqu'à présent comme *Cucullella* étaient pourvues de
semblables muscles et que ces derniers n'ont pas été remarqués
à cause de la mauvaise conservation des échantillons examinés.

Parmi les fossiles recueillis par David Forbes et étudiés par
J. W. Salter[2] se trouve : *Cucullella* sp.(?) dont la forme, dit
Salter, rappelle plutôt celle de *C. ovata* Sow. que celle de
C. antiqua du même auteur. Ces deux espèces se rencontrent
dans les assises de Ludlow. Mais, à Ludlow, il y a des formes
du dévonien inférieur identiques à celles de la Grande-Bretagne
et de l'Afrique du Sud. La ligne musculaire de *Cucullella* descend verticalement en travers et aux deux tiers de la coquille.

Cette coquille a été recueillie face ouest de l'Illampu.

L'espèce que je possède venant de Tarija ressemble à *Cucullella* de Salter, mais, comme cette dernière n'est pas nettement
figurée, je prends les espèces dessinées sur les tableaux de
M. Ulrich comme termes de comparaison et je rapporte mon
exemplaire de Tarija à *Nuculites Beneckei* Ulr. (pl. VI, fig. 2, 4).

Brachiopoda.

GENUS Leptocœlia Hall.

ATRYPA FLABELLITES Conrad, *Ann. Rep. Pal. New York*, 1841, p. 55 (Amérique du Nord).

A. ACUTIPLICATA Conrad, *Ann. Rep. Pal. New York*, 1841, p. 54.

A. PALMATA Morris and Scharpe, *Quart. Journ. Geol. Soc.*, 1846, vol. II,
pl. X, fig. 3, p. 276 (Îles Falkland).

ORTHIS PALMATA Sharpe, *Trans. Geol. Soc.*, London, 1856. Sér. II, vol. VII,
pl. XXVI, fig. 7-10, p. 207 (Afrique du Sud).

LEPTOCŒLLA PROPRIA Hall, *Regents Rep. of 1856*, p. 108; *Palæoz. Fossils*,
1857, p. 68.

L. FLABELLITES Hall, *Pal. New York*, vol. III, 1859-1861, p. 449, pl. CVI,
fig. 1 *a-f*, pl. CIII B., fig. 1 *a-g*.

[1] *Pal. New York*, vol. V, part. 1,
1885.

[2] *Quart. Journ. Geol. Soc.*, vol. XVII,
n° 65, pl. IV, fig. 17.

L. Acutiplicata Hall, *Pal. New York*, vol. IV, 1867, p. 365, pl. LVII, fig. 30-39.

L. Flabellites Meek and Worthen, *Geol. Surv. Illinois*, vol. III, 1868, p. 397, pl. VIII, fig. 3 *a-c*.

Orthis Aymara Salter, *Quart. Journ. Geol. Soc.*, vol. XVII, 1861, p. 68, pl. IV, fig. 14.

? *Terebratula peruviana* D'Orbigny, *Voyage Amérique mérid.*, vol. III, part. 4, p. 56, vol. VIII, pl. II, fig. 22-25.

? *Leptocœlia* sp. (assez semblable à *L. acutiplicata*) Walcott, *Monogr. U. S. Geol. Surv.*, vol. VIII, 1884, p. 276.

L. Flabellites Ulrich, *Beitr. Geol. Pal. Südamerika* (Pal. Verstein von Bolivien, 1892, pl. IV, fig. 9-13).

L. Flabellites Hall and Clarke, *Pal. New York*, 1893, vol. VIII, part. II, pl. LIII, fig. 40-46, 53, p. 137.

Anoplotheca flabellites Schuchert, *Bull. U. S. Geol. Survey*, N° 87, 1897, p. 144.

Salter indique qu'il a trouvé *Orthis aymara* dans la vallée de Millepaya (côté ouest de l'Illampu).

Steinmann a recueilli *L. flabellites* près Chahuarani, Icla, Huamampampa, Tarabuco, Chalhuani, Oconi, Pulquina, Agua Blanca, Totora, ainsi que dans les couches micacées de couleur gris clair près Chililaya sur le côté oriental du lac Titicaca.

Sir Martin Conway a trouvé *L. flabellites* sur une saillie du Caa aca, en allant de Milluni à la mine de Huayna Potosi.

Les espèces *Leptocœlia* que nous possédons de Tarija, quoique offrant plusieurs variétés, rentrent dans le groupe *L. flabellites* (pl. VI, fig. 10, 13, 14).

Genus **Meristella** Hall.

Meristella Riskowskyi Ulr., *loc. cit.*, pl. IV, fig. 16 *a-c*, 17, 18.

L'espèce *M. Riskowskyi* rappelle *M.* du Helderberg supérieur et du «Hamilton group»; cette dernière cependant se différencie de la forme bolivienne.

M. Riskowskyi a été trouvé par Steinmann dans les couches à conulaires de Chahuarani et entre Oconi et Pulquina. Notre espèce vient de Tarija; elle est associée à *Leptocœlia flabellites* Conr. (Devon.), cf. pl. VI, fig. 8, 9.

Genus **Spirifer** Sowerby.

Spirifer Chuquisaca Ulr. (Dévon.). — Dans les grès ferrugineux de Tarija se rencontrent de nombreux spirifers : *Spirifer Chuquisaca* Ulr. Cette espèce, d'après Ulrich, appartient aux fossiles les plus caractéristiques des couches à conulaires de la Bolivie orientale[1]. La forme de cette espèce est semblable à *Spirifer boliviensis* D'Orb.[2]. Parmi les spirifers d'autres pays, Ulrich rapproche de cette espèce *Spirifer antarcticus* Morr. et Sh.[3] qui apparaît dans les Iles Falkland et l'Afrique du Sud.

A. D'Orbigny a rencontré *Spirifer boliviensis* dans les grès ferrifères dévoniens de Durasnillo, près du Rio Challuani, département de Cochabamba, et sur les coteaux de Tomina et de Tacopaya (département de Chuquisaca [Bolivia]).

Sp. Chuquisaca apparaît souvent dans les couches à conulaires de Chahuarani, Tarabuco, Icla et Humampampa. Steinmann la trouva entre Tarija et Concepcion, mais les espèces que ce savant avait rassemblées en cet endroit se perdirent lors du transport de ses bagages vers la côte. Les espèces que j'ai figurées, pl. VI, fig. 1, 3, 5, 6, 7, viennent de Tarija (Bolivie).

Genus **Vitulina** Hall.

V. **pustulosa** Hall, 13. *Rep. State Cab.*, 1860, p. 82.

V. **pustulosa** Hall, 15. *Rep. State Cab.*, 1862, p. 187.

V. **pustulosa** Hall, *Pal. New York*, vol. IV, 1867, p. 410, pl. LXII, fig. 1.

---

[1] *Beiträge zur Geologie und Palæontol. von Südamerika.* Palæoz. Versteiner aus Bolivien von A. Ulrich, 1892, Tafel IV, 19, 20 *a-c*.

[2] A. D'Orbigny, *Voyages dans l'Amérique méridionale*, 1835-1847, tome III,

part. iv, p. 37; tome VIII, t. 2, f. 8, 9.

[3] *Quart. Journ. Geol. Soc.*, vol. II, 1846, p. 276, t. 11, f. 2 *a, b*.

Transactions of the Geological Society, London, 2ᵈ series, vol. VII, 1856, p. 207, t. 26, f. 1, 2, 5.

V. PUSTULOSA Rathbun, *Bull. Buffalo Soc. Nat. Sc.*, vol. I, 1874, p. 255, t. IX.

V. PUSTULOSA Rathbun, *Proc. Boston Soc. Nat. Hist.*, vol. XX, 1881, p. 36.

V. PUSTULOSA Derby, *Bull. Mus. Harvard Coll.*, vol. III, N° 12, 1876, p. 282.

VITULINA Derby, *Dies Jahrb.*, 1888, II, 173.

VITULINA sp. Derby, *Arch. Mus. Nac.*, Rio de Janeiro, vol. IX, 1890, p. 76.

V. PUSTULOSA Ulrich, *Dies Jahrb.*, 1891, I, 273.

V. PUSTULOSA Ulr. *Beitr. zur Geol. und Palæont.* (Palæoz. Versteiner aus Bolivien, pl. IV, fig. 26-29).

Vitulina pustulosa offre le même développement que *L. flabellites.* Elle a été trouvée par Steinmann près de Tarabuco, par Stubel dans la vallée du Rio Sica Sica entre Oruro et La Paz. Alex. Agassiz et S. W. Garman ont rencontré *V. pustulosa*, à l'île Coati, associé à *Tropidoleptus Carinatus* Conrad. Notre espèce de Tarija paraît appartenir à *V. pustulosa.* (Cf. pl. VI, fig. 11, 12.)

Echinodermata (Crinoidea).

Genus Actinocrinus.

ACTINOCRINUS cf. MURICATUS Goldfuss. — Provenance Tarija. (Pl. VIII, fig. 2, 4.)

LES MINES.

Si l'on envisage la question minière, le Haut-Plateau de Bolivie occupe sur la surface du globe une situation exceptionnelle.

L'étain, le bismuth, le cuivre, l'argent et l'or sont autant de métaux très abondants. La région comprise entre Inquisivi et Machacamarca est vraisemblablement la plus riche. Les districts producteurs de l'étain sont : Oruro, La Paz, Chorolque et Potosi.

A Huayna Potosi, sur le flanc du Caa aca, il y a de nombreux filons d'étain. Ce ne sont pas, à vrai dire, des filons dans le sens où l'on entend généralement ce mot; ce sont plutôt des injections stannifères en amas irréguliers, comme au Cerro Poscovi, où elles semblent constituer un stockwerk. Près de Huanuni et à Santa Barbara, il y a des dépôts alluvionnaires contenant beaucoup d'étain. Celui-ci est à l'état d'oxyde d'étain en morceaux pesant environ 5oo grammes à 1,000 grammes. L'extension de ces placers est considérable ; ils peuvent être avantageusement exploités.

D'après M. Frochot, le détail de la production d'étain en Bolivie aurait été la suivante en 1899 :

PRODUCTION MENSUELLE EN MINERAI DE 64 P. 100.

Département de La Paz.

Mines {	de Huayna Potosi..................	250 quint. métr.
	d'Inquisivi.......................	100

Département d'Oruro.

Mines {	de Negro Pabellon et de Morococala....	200
	de Huanuni......................	1,600
	de Machacamarca.................	600
	d'Avicaya et Totoral...............	800
	de Challa et Apacheta..............	100
	de Poopo........................	250
Autres mines...........................		300

Département de Potosi.

Mines {	de Potosi........................	1,500
	de Llalagua.....................	600
	de Chorolque.....................	900
Autres mines...........................		300
	TOTAL....................	7,500

La production annuelle serait donc de 90,000 quintaux d'une teneur de 64 p. 100, soit 57,600 quintaux d'étain en barres, ou 5,760 tonnes. Comme on le voit, l'exploitation d'étain en Bolivie est considérable, et, loin de diminuer, elle s'est plutôt accrue depuis cette époque, en dépit même des difficultés des transports.

La tendance de la pyrite à remplacer l'oxyde d'étain est un phénomène assez fréquent en Bolivie. Au point de vue minéralogique, on trouve rarement l'oxyde d'étain à l'état cristallisé. Dans les filons d'étain de Chorolque, on a rencontré de la tourmaline.

Les gîtes d'étain en Bolivie semblent résulter de sources minéralisées par les sulfures d'argent, de cuivre, de zinc et de plomb qui avaient existé au moment de l'apparition des roches volcaniques plus ou moins récentes.

Le bismuth existe surtout dans la zone d'Oruro, ainsi qu'à Tasna et à Santa Barbara (Chorolque). On le trouve à l'état natif et à l'état d'oxyde. Le bismuth accompagne les gîtes de wolfram à Tasna, et il est le plus souvent aurifère dans la zone de Chorolque.

Le cuivre existe à l'état d'atacamite dans la région d'Atacama. Cet oxychlorure est presque toujours dans une gangue d'oxyde de fer et n'accompagne aucun autre minéral. Il est d'un traitement facile par voie humide. L'atacamite semble avoir été exploité depuis une haute antiquité à Chuquicamata même. Les exploitations cuivreuses du désert d'Atacama ne sont certes pas appelées à un même avenir que celles de Coro Coro et de Cobrizos sur le Haut-Plateau.

Dans ces deux derniers gîtes, des cuivres natifs argentés sont disséminés au milieu de dépôts gréseux sédimentaires d'âge permien.

La formation de ces couches cuprifères étant similaires à celle de Russie, il est intéressant d'examiner le problème de la minéralisation. « Rien ne prouve plus clairement l'intervention d'émanations souterraines et distinctes des roches éruptives, dit A. Daubrée, que les couches des métaux qui se rencontrent à divers étages. Le schiste bitumineux et cuivreux de Mansfeld avec ses nombreux poissons imprégnés de minerai qui, malgré sa faible épaisseur, se montre avec les mêmes allures sur des points très distincts, offre un exemple classique de ces gîtes

métallifères stratifiés et contemporains des couches auxquelles
ils sont subordonnés. Il en est de même des grès du pays de
Perm, en Russie, avec leurs troncs d'arbres eux-mêmes métal-
lisés ; de ceux de Coro Coro (Bolivie) ; des grès des environs de
Commern, en Prusse, où la galène est disséminée en innombrables nodules, comparables pour la régularité et la grosseur
à du plomb de chasse. » En ce qui concerne la métallisation des
dépôts stratifiés, la fonction bathydrique n'a pas dû, à notre
avis, s'exercer pendant la formation même des couches. Les
poissons n'auraient pas pu vivre dans les eaux toxiques. L'hypothèse la plus rationnelle est que, si les émanations souterraines
sont contemporaines des dépôts sédimentaires, la substitution
des molécules dans les fossiles ne s'est produite qu'à une époque
indéterminée à travers la série des âges.

Le platine est peu connu en Bolivie ; il a pourtant été signalé
à San Javier (Santa Cruz). L'argent est le produit auquel la
Bolivie doit sa réputation de région minière. Cependant l'or
existe en quantité considérable. On le trouve associé à des
métaux sulfurés (Huanchaca) et dans des placers (Tipuani).
D'après Alex. V. Humboldt et le professeur Soetler, la production de l'or en Bolivie, de 1545 à 1875, aurait été de
41,013,000 £. Actuellement, l'exploitation de l'or est loin d'atteindre ce chiffre et cependant les dépôts alluvionnaires du
Rio Tipuani peuvent encore fournir une grosse quantité d'or.

M. Frochot donne ainsi la description du gisement de Tipuani :

« La coupe du terrain est la suivante : après une couche végé-
tale de quelques centimètres d'épaisseur se trouve une couche
d'argile rouge mélangée de cailloux roulés, de fragments de
quartz et de schistes, sur une épaisseur de 4 mètres environ ; on observe là tous les caractères alluvionnaires ; les cailloux roulés indiquent bien qu'on est en présence de dépôts
de rivière. Au-dessous de cette première couche, on découvre
un premier *venerillo*, c'est-à-dire une première couche de sable

aurifère dont l'épaisseur varie entre o m. 4o et o m. 6o, reposant sur une couche mince de cailloux roulés qui constitue le faux bed-rock. Après cette couche aurifère, on retrouve l'argile rouge sur une épaisseur de 2 à 4 mètres, reposant sur un second *venerillo* un peu plus épais que le premier, atteignant quelquefois 1 m. 5o, mais dont on peut évaluer la puissance moyenne à o m. 5o ; ce second *venerillo* repose, comme le premier, sur un faux bed-rock semblable au précédent. Au-dessous de ce second bed-rock règne une couche d'argile dont l'épaisseur n'a pas été déterminée. »

Ce n'est pas à l'or, mais à l'argent, *argenti sacra fames,* que la Bolivie doit sa réputation minière. Beaucoup de mines très productives sont actuellement abandonnées faute de capitaux ; on s'est contenté d'abord d'extraire le minerai d'excellente teneur, c'est-à-dire celui qui pouvait être le plus productif et le moins coûteux, car les gîtes métallifères les plus riches sont situés dans des zones désertes et improductives.

La mine de Huanchaca, qui est une des plus importantes du globe, n'aurait certes jamais acquis la valeur qu'elle a aujourd'hui sans le chemin de fer et sans l'installation d'un outillage perfectionné et véritablement fantastique. Les mines d'argent de Lipez, quoique tout aussi considérables que celles de Huanchaca, restent malheureusement inexploitées.

La Bolivie, avec ses richesses minières que l'on peut qualifier d'inépuisables tant elles sont puissantes, est en droit d'attendre des ressources nécessaires pour les exploiter : ce sera l'œuvre du progrès.

A TRAVERS LES RAMIFICATIONS
DE LA CORDILLÈRE INTÉRIEURE BOLIVIENNE.

En pénétrant dans les provinces de Porco, Chichas, Sur Lipez, on est sur un territoire quéchua. Là les Indiennes se livrent pendant la saison sèche de l'hiver aux douceurs de la vie pastorale, tandis que leur famille va quérir en Argentine le

maïs nécessaire à l'alimentation de l'année. L'Indien quéchua
est, par tempérament, très sobre et très craintif; il est maigre
et résistant tout à la fois.

Pendant tout le jour, il garde avec une finesse toute particulière ses moutons ou ses lamas, qui broutent les rares herbes
de la pampa bolivienne. Lorsque le voyageur, monté sur sa
mule, aperçoit en Bolivie des troupeaux de lamas et de moutons, il peut croire un instant qu'ils sont abandonnés à eux-
mêmes, mais il n'en est rien. L'Indien est caché dans un pli de
terrain, et, si vous vous avisez de tuer une de ses bêtes, il paraît
sortir de terre et court immédiatement à votre rencontre. C'est
là, il faut l'avouer, un excellent moyen pour se ravitailler et
connaître l'Indien des pampas. Le soir, l'Indien quéchua établit
son campement en plein air, autour d'une barrière circulaire
au milieu de laquelle il entretient nuitamment un feu.

Ici et là, dans les passages ou défilés un peu fréquentés, il
n'est pas rare de rencontrer des *apachetas,* ou pyramides de
pierres, élevées à Pachacamak, sorte de divinité quéchua. Aucun
Indien ne passe devant un *apacheta* sans y ajouter à son tour
une pierre pour marquer son passage.

D'après Luis Brackebusch, qui signale des *apachetas* dans la
partie nord de l'Argentine, ce mot viendrait de *apachi* « faire
porter ». L'Indien, en apportant sa pierre, remercie ainsi Pachacamak de lui avoir donné les forces nécessaires pour transporter ses fardeaux.

Les mœurs des Indiens quéchuas se sont modifiées à travers
les âges. Les Quéchuas ne portent plus aujourd'hui comme
leurs ancêtres des parures en turquoise, mais ils ont conservé
quelques recettes bien étranges, comme celle qui consiste à
rougir leur boisson avec de l'hématite en cas de douleurs d'es-
tomac.

A Pulacayo, dans la province de Porco, on peut voir une
multitude de cases indiennes construites en terre argileuse,
étagées autour de la montagne minière et habitées par une

population de Quéchuas aux longs cheveux tressés[1]. Ceux-ci sont occupés aux travaux d'extraction des minerais de la mine Huanchaca. Les filons métallifères de Pulacayo sont dans la dacite. A. W. Stelzner, en parlant des roches des Cordillères Argentines, allègue qu'elles rappellent très vivement les dacites et non moins vivement certaines roches éruptives tertiaires de Hongrie et de Transylvanie, entre autres, par exemple, une dacite de Kapnik et une dacite de Kisbanya sud-sud-ouest de Klausenbourg.

L'opinion de Stelzner me paraît applicable à quelques roches volcaniques des Cordillères de Bolivie, entre autres à celles de San Antonio de Lipez et de Pulacayo. Quant à l'âge de l'apparition des dacites boliviennes, je croirais volontiers qu'elles sont plus récentes que les grès rouges qu'elles traversent.

En ce qui concerne le remplissage des filons de Pulacayo, il semble que ce soit par voie humide qu'il s'est fait. L'apport des métaux, si l'on considère leur manière d'être sur les épontes, doit résulter de l'activité de sources thermo-minérales. Celles-ci, en effet, ont comme imprimé le sceau de leur circulation en concrétionnant les métaux à la façon des stalactites.

C'est surtout à l'état de sulfures que l'on rencontre le zinc, le plomb, l'antimoine et l'argent à Pulacayo; on trouve aussi plus rarement une association de bismuth et d'étain dont la présence n'est pas sans importance au point de vue de la minéralisation du sol bolivien[2].

L'argent de Pulacayo, comme celui de San Vicente (envi-

[1] La pigmentation des parties extérieures de la peau des Indiens Quéchuas et Aymaras est très voisine de la couleur des masses gréseuses rougeâtres plus ou moins foncées qui sont très développées en Bolivie. Cette observation me paraît d'autant plus intéressante à signaler qu'il y a là probablement un assez curieux effet de mimétisme.

[2] Lors de mon passage à Pulacayo, M. Luis Sola, administrateur de la Compagnie Huanchaca, s'est dessaisi en ma faveur, au profit de la science, de très beaux échantillons de cuivre gris, de blende et de bournonite; aussi je suis heureux de lui témoigner ici mes plus sincères remerciements.

rons de Huanchaca), se trouve inclus dans le cuivre gris qui, lorsqu'il est cristallisé en druses, est d'un très bel effet.

Les ramifications de la Cordillère intérieure sont formées par des grès permiens (?) et des phyllades siluriens qui ont été coupés par endroits par des roches volcaniques. Les filons de Tasna et de Chorolque ont une même orientation; à Tasna, la bismuthine et le wolfram prédominent. Dans un échantillon de bismuthine que j'ai recueilli à Tasna, il est aisé de reconnaître une paillette d'or natif.

Les filons du Cerro Chorolque sont assez réguliers; certains disparaissent en coin. La richesse des minerais consiste en bismuth aurifère et en étain, mais cette richesse, loin d'augmenter en profondeur, diminue; de sorte qu'il est supposable que les métaux sont arrivés à la surface par sublimation. Dans le Cerro Espiritu, à l'ouest du Cerro Chorolque, on exploite le bismuth natif et la bismuthine qu'accompagnent généralement la pyrite de fer et le cuivre gris.

Aux environs de Quechisla, dans la direction de Portugalete, l'érosion a été si considérable que, même s'il y avait eu des dépôts glaciaires, on ne trouverait certes, pour cette raison, ni stries, ni polis sur les roches; mais je doute fort qu'il y ait jamais eu de glaciers dans cette partie des Hauts-Plateaux.

L'érosion a creusé dans les grès rouges des environs de San Vicente des cavités qui servent aujourd'hui de retraites à quelques Quéchuas troglodytes.

C'est encore à l'érosion qui faut attribuer les abris sous roche de Colcha (Nor Lipez), au-dessus de l'étang Utul. Ces abris, comme j'ai pu m'en rendre compte, ont servi d'emplacements à d'antiques tribus quéchuas, qui faisaient encore usage d'ocres rouges et jaunes.

A San Vicente, on peut voir dans les *haldes* de la Mina Guernica, outre des cristaux de bournonite, de nombreux amas de cuivre gris d'une teneur respectable en argent, qui seront sans aucun doute utilisés à un moment donné.

Les terrains primaires de San Vicente sont disloqués par l'apparition de roches volcaniques trachytiques, qui sont elles-mêmes injectées de minerais. Le sol de San Vicente, au-dessus de 4,000 mètres, est naturellement pauvre en végétation; il ne donne asile qu'à quelques *viscachas* ou *biscachas* de la famille des Chinchillides. Les Chinchillas (*Chinchilla lanigera*), dont la fourrure est si recherchée aujourd'hui, se cantonnent dans les montagnes de la province de Sur Lipez.

Le Haut-Plateau de Bolivie se prolonge topographiquement au delà de San Antonio de Lipez, pour constituer la région justement nommée la *Puna Argentina*[1], c'est-à-dire la zone la plus élevée de la République Argentine.

TRAVERSÉE D'ORURO À LA PAZ.

En quittant Oruro pour aller vers La Paz, on traverse des plaines argileuses rougeâtres toutes recouvertes d'efflorescences salines; ces plaines communiquent à l'ouest avec ces vastes nappes de chlorure de sodium qui se prolongent jusqu'à la colline très riche en argent et en étain contre laquelle est adossée la ville d'Oruro[2]. En continuant la route vers Sica Sica, on rencontre des galets de grès dévonien avec des fragments de roches éruptives. Ces dernières paraissent être des granulites; elles percent, dans toute la région des contreforts de la Cordillère orientale, les collines dévoniennes pour les couronner. On atteint enfin l'Alto de La Paz, d'où un panorama grandiose se déroule sur la Cordillera Real avec le Huayna Potosi et les trois pics neigeux de l'Illimani. A l'Alto, on est sur le bord de l'immense ravin au fond duquel est bâtie la ville de La Paz[3].

[1] *Puna*, terme usité en Argentine et en Bolivie pour désigner l'altiplanitie où se manifeste généralement le mal des montagnes dénommé également *puna*.

[2] La *tola* (*Lepidophyllum*) couvre, dans la région d'Oruro, un immense espace.

[3] Sur les flancs du ravin de La Paz, de même que sur les pentes des Yungas, les Indiens établissent leurs cultures sur des gradins-terrasses qu'ils composent au moyen de blocs de pierre, afin d'éviter les effets funestes de l'érosion.

Vue de l'Alto, La Paz apparaît comme une ville plate, alors qu'elle est en réalité si inclinée, qu'en certains endroits on éprouve de la difficulté à se tenir debout. La situation topographique de La Paz en fait un séjour assez désagréable pour les étrangers et même pour les habitants, car il n'y en a pas un qui, après avoir monté un peu rapidement les rues, ne se sente essoufflé en raison de la pression atmosphérique. A La Paz, il faut bon gré mal gré toujours descendre et monter, et, comme tout effort exagère le mal des montagnes, il en résulte qu'on se trouve moins bien à 3,693 mètres (altitude de La Paz) qu'à une altitude supérieure à 4,000 mètres, c'est-à-dire sur le Haut-Plateau proprement dit.

Le voyageur nouvellement arrivé à La Paz ne tarde pas à s'apercevoir qu'il est de son intérêt de vivre une vie très ordonnée et d'éviter les nombreux témoignages de bienvenue, qui se terminent d'ordinaire par de trop copieuses libations. Je ne fus d'ailleurs pas seul à m'apercevoir qu'on souffrait réellement plus du mal de montagne à La Paz que partout ailleurs en Bolivie. On m'avait vanté les qualités bienfaisantes de l'infusion de menthe, mais je trouvai ce spécifique aussi anodin que celui de l'Indien qui consiste à manger de la neige.

Je séjournai malgré moi plus de temps à La Paz que je ne l'aurais voulu; il me fallut attendre mes bagages indispensables à mes besoins journaliers, avant d'entreprendre des fouilles à Tiahuanaco en outre de l'étude de la structure géologique du Haut-Plateau bolivien.

Au sud-est de La Paz, le silurien est la formation la plus importante; celle-ci consiste en phyllades dont l'âge a été assigné par Alc. D'Orbigny, et ces phyllades constituent tout au moins la base de l'Illimani, au pied duquel coule le Rio aurifère de Chuquiapu.

Entre La Paz et Oruro, David Forbes, dans son judicieux rapport sur la géologie de Bolivie et du sud du Pérou, signalait déjà en 1861, sur sa carte géologique, des affleurements de carboniférien sur la rive droite du Desaguadero, aux environs de

Coro Coro. Ce sont évidemment les premières apparitions en Bolivie d'un facies carbonifère calcaire et houiller dont le prolongement N. O.–S. E. passe par la presqu'île de Copacabana et la Isla del Sol pour gagner la frontière péruvienne. Le carboniférien est ici associé au permien, et, comme les couches carbonifériennes et permiennes sont profondément disloquées dans la région du lac Titicaca, il semble que cette stratigraphie mouvementée ainsi que la dépression occupée aujourd'hui par le lac lui-même aient coïncidé avec le dynamisme intense qui a présidé à la constitution générale de la grande Cordillère des Andes.

LE LAC TITICACA

ET LES MONTAGNES ENVIRONNANTES.

Le lac Titicaca est quatorze fois plus grand que le lac de Genève (Keith Johnston) et moitié moins grand que le lac Ontario (Sir Martin Conway). Il se serait appelé Titi Karka, Titi Ccaka, Titi Ccan-na, si l'on s'en réfère au manuscrit du Père Baltasar de Salas sur l'histoire de Copacabana, 1618-1625, imprimé dans la revue de La Paz, *la Brisa* (vol. I, n° 2, oct. 31, 1898).

Les rives du lac Titicaca sont essentiellement tourbeuses du côté de Huaqui. Des joncs nommés « totoras » y croissent en extrême abondance; aussi les Indiens s'en servent-ils à défaut de bois pour construire des petites barques ou « balsas ». Celles-ci ne peuvent avoir qu'une durée éphémère, car elles restent continuellement sur l'eau; il est vrai que, dès qu'une balsa a cessé d'être bonne, l'Indien en reconstruit très rapidement une nouvelle uniquement avec les totoras.

De Huaqui on entre directement dans la partie du lac Titicaca nommée Uinamarca par un chenal qui facilite considérablement le transit actuel entre le Pérou et la Bolivie. Le lac Titicaca n'a jamais eu, à mon avis, l'étendue que lui assigne Sir Martin Conway, qui le fait arriver jusqu'aux ruines de Tiahuanaco.

Aucun dépôt lacustre ne vient attester une pareille asser-
tion. J'ai bien constaté aussi que le niveau du lac Titicaca
avait fortement baissé, mais je n'ai pas évalué à plus de
200 mètres de longueur, dans la direction Huaqui-Tiahua-
naco, la surface tourbeuse recouverte anciennement par les
eaux. Cet abaissement est évidemment dû à l'évaporation en
général, et je ne serais pas éloigné de croire qu'il résulte aussi
d'un changement climatérique.

Le lac Titicaca a un effluent, le Desaguadero. Ses eaux, au
sortir du lac, sont potables; elles ne se chargent de sel que
dans leur traversée à travers la pampa saline aux environs
d'Ayoma, à trois lieues au sud-ouest de Coro Coro; elles arri-
vent enfin saturées de sel dans le lac Poopo. Le lac Poopo ou
Pampa Aullagas est une véritable lagune salante dont les eaux
disparaissent insensiblement, si bien que l'on peut d'ores et
déjà supposer le moment où l'emplacement du lac aura l'aspect de la pampa saline d'Uyuni[1].

D'après J.-B. Minchin, « le lac Poopo possède à son extrémité
sud une issue, le rio Laca-Ahuira, dont le courant, à peine
visible, occupe un lit large de 30 yards et profond de 30 à
40 pieds. A une distance d'un mille du lac, le rio disparaît sous
terre pour réapparaître à trois milles plus loin, dans la direc-

____

[1] Je lis, dans l'*Illustration* du 18 novembre 1905, qu'il est question de demander au lac Titicaca l'énergie électrique
nécessaire pour mettre en marche les
chemins de fer du Pérou. « Ce lac, est-il
écrit, est la plus haute masse d'eau navigable de l'univers. Isolé dans une dépression des Andes, il est en quelque sorte
suspendu au-dessus des routes fluviales du
continent, dans une contrée aride et in-
habitée. Son déversoir, le Desaguadero,
large seulement d'une quarantaine de
mètres, marque la frontière entre le Pérou
et la Bolivie. Tout récemment encore, on
le franchissait au moyen d'un pont formé
de couches de roseaux flottant sur l'eau
et soutenues par des chaînes de fibres vé-
gétales accrochées à des piliers dont l'in-
tervalle était occupé par des portes à deux
battants. Le soir à 6 heures, chaque république s'enfermait chez elle à double
tour; elle rouvrait sa porte à 8 heures du
matin. Les chemins de fer du Sud Péru-
vien, qui passent à 4,000 mètres d'altitude, consomment journellement pour
7,000 francs de houille. Après avoir utilisé
pour leur exploitation l'eau descendue du
lac Titicaca, il resterait encore une force
disponible de 6,000 chevaux. »

tion Ouest; il continue alors son cours sans interruption jusqu'à la Salinas de Coiposa ». Je ne serais pas éloigné de croire,
en tenant compte du phénomène d'évaporation, que l'infiltration souterraine contribue à jouer un rôle prédominant dans
l'appauvrissement du lac Poopo.

Le plateau sur lequel coule le Rio Desaguadero au sortir du
lac Titicaca constitue, avec celui du Thibet, les deux plus
hautes plates-formes du globe. Celle sur laquelle est situé le lac
Titicaca représente un centre d'où a rayonné jadis le flam-
beau de civilisations américaines éteintes, comparables à celles
de la Chaldée et de l'Égypte.

Collines dévoniennes de Tiahuanaco, montrant les effets de l'action érosive des eaux météoriques
sur le Haut-Plateau bolivien.

Tiahuanaco, avec ses immenses dépôts de cendres qui forment le substratum du sol foulé à l'heure actuelle, Tiahuanaco, avec ses épaisses couches de terre de dénudation qui
ont heureusement sauvé de la destruction des âges, d'importants vestiges de son art symbolique et de son architecture
géométrique, Tiahuanaco, enfin, m'a montré aujourd'hui
quelques-uns de ses secrets qui paraissaient ne jamais devoir
être dévoilés, et l'archéologie en est uniquement redevable à la
géologie[1].

Les massifs montagneux de Tiahuanaco qui courent dans
la direction de Viacha à l'est, et de Huaqui à l'ouest pour

[1] On sait maintenant que les grandes
pierres de Tiahuanaco, qui présentaient
par leur alignement une certaine analogie
avec le quadrilatère mégalithique de Cru-
cuno en Bretagne, sont des vestiges importants d'un appareil de construction
tout semblable à la nouvelle enceinte que
j'ai exhumée le 28 octobre 1903 à l'est
des mégalithes d'Hakhapana.

5.

former les contreforts de la Cordillère des Andes boliviennes
ou Cordillera Real appartiennent vraisemblablement par leur
faune au terrain dévonien. Ils sont très dénudés, comme l'indiquent les sinuosités profondes dues à l'action érosive des
eaux météoriques, et le travail de démolition dont ils continuent à être l'objet pendant la saison des pluies modifie peu
à peu le relief général du Haut-Plateau bolivien.

En effet, des matériaux détritiques boueux provenant de la
démolition des masses gréseuses dévoniennes constituent, au
bénéfice du plateau sous-jacent, des apports nouveaux de sédimentation.

Au sud de Tiahuanaco se détache d'un massif montagneux le cerro Illampu, qui doit être distingué du sommet
gigantesque de la Cordillère intérieure (*Cordillera Real*) : l'Illampu ou Sorata. Je ne mentionnerai ce « cerro » que parce
qu'il renferme de l'étain et de l'argent, si je dois m'en rapporter aux échantillons qui m'ont été soumis. Mais le terrain
le plus digne d'attention de tous les environs de Tiahuanaco
est incontestablement le carbonifèrien.

Celui-ci forme des failles parallèles à la grande Cordillère
et occupe dans la région du lac Titicaca, de l'est à l'ouest, des
synclinaux. Il n'est pas rare de rencontrer dans la Isla del Sol
des fougères du genre *Sphenopteris, Nevropteris,* qui appartiennent sans aucun doute à la flore carbonifèrienne.

La Bolivie n'a donc rien à envier aux autres pays au point
de vue des ressources indispensables à l'industrie : elle a l'eau
pour la force motrice (le Desaguadero et d'innombrables
petits torrents aisément captables); le charbon, encore inex-
ploité mais utilisable, et des richesses minières telles qu'Hugo
Reck, en parlant de l'altiplanitie, disait qu'elle était une table
d'argent supportée par des piliers d'or.

DEUXIÈME PARTIE.

ITINÉRAIRE GÉOLOGIQUE À TRAVERS LE CHILI ET LA BOLIVIE.

LE SOULÈVEMENT DE LA CÔTE CHILIENNE.

Un grand nombre de naturalistes, pour ne citer que les plus célèbres, D'Orbigny, Darwin, Dana, Cuming, Forbes et Philippi, ont parlé des soulèvements de la côte chilienne.

Les observations de D'Orbigny, de Cuming, de Forbes et de Philippi sont de nature à révoquer en doute l'idée d'un soulèvement progressif.

Cuming, après le tremblement de terre survenu à Valparaiso le 19 novembre 1822, écrivait à la Société géologique de Londres l'appréciation suivante : « La mer vient baigner les murs de la maison que j'habite, de la même manière qu'avant 1822, et les vaisseaux occupent le même mouillage. »

Pour ma part, je m'élève hautement contre la théorie du soulèvement graduel de la côte du Chili.

J'ai observé les terrasses de Guayacan et, plus en détail, celles d'Antofagasta. Ces dernières, jusqu'à Playa Blanca et au delà, sont constituées par des amas de coquilles subfossiles agglutinées par du chlorure de sodium. Beaucoup de ces espèces subfossiles vivent encore actuellement dans la mer.

À 20 kilomètres au sud d'Antofagasta, vis-à-vis de la Quebrada de la Chimba, des bancs d'huîtres actuelles s'élèvent à plus de 25 mètres au-dessus du niveau de la mer. Il est bien évident que les eaux, après avoir occupé les emplacements des terrasses de la Chimba et de Playa Blanca, les ont abandonnés à la suite d'un effort orogénique survenu, à mon avis, à une époque qui n'appartient pas au domaine de l'histoire.

En effet, la découverte que je fis, autour de l'île de la Chimba ou Tomoya, de momies indiennes repliées intentionnellement

sur elles-mêmes avec leur mobilier funéraire me montra suffisamment que ces enfouissements préhispaniques n'avaient subi
aucun déplacement dans leur ordre primitif, ce qui n'aurait pas
manqué de survenir dans le cas d'un soulèvement progressif
de la côte.

Aussi bien, les subfossiles de Playa Blanca[1], du fait qu'ils
n'étaient aucunement roulés, prouvaient assez que l'apparition
des terrasses avait eu lieu d'une façon fortuite.

Pour se fixer sur la nature de ces prétendus soulèvements,
il n'est peut-être pas inutile de rappeler ici que la surface de
la terre est soumise à des changements dont la cause paraît
inhérente à sa constitution même.

Si, comme je le suppose, la croûte solide de la terre s'épaissit
progressivement sous l'action de la force centrifuge, la diminution consécutive du volume total amène nécessairement des
bossellements et des affaissements[2].

Bien des terrains aujourd'hui exondés ont été autrefois submergés et la possibilité du retour des eaux n'est rien moins que
probable dans les régions que nous foulons actuellement.

Si l'on observe plus fréquemment sur le long des côtes en
général des exhaussements, la raison est que ceux-ci sont plus
visibles en ces endroits, car le niveau de la mer varie peu.

Les terrasses de la côte du Chili méritent donc à plus d'un
titre de retenir l'attention du naturaliste.

---

[1] *Oliva peruviana* Lamk., *Triton rudis*
Brod., etc.

[2] Il convient naturellement de tenir
compte, dans l'agencement des matériaux
composant la croûte terrestre, de l'action
de la pesanteur. Du conflit de cette action
avec celle de la force centrifuge naissent
des dislocations d'ordre purement mécanique d'où paraissent découler toutes les
conséquences relatives à l'économie générale du globe. Il ne s'agit pas, à mon point
de vue, de se demander si les affaissements
terrestres sont dus à des tremblements
du sol qui donneraient naissance à des
éruptions volcaniques, mais de voir dans
les phénomènes volcaniques une conséquence graduelle de la rétractilité de la
Terre au cours de son évolution.

LES NITRATES DE SOUDE.

AGUAS BLANCAS, CARMEN ALTO, PAMPA CENTRAL.

A 2 kilomètres à peine de la baie d'Antofagasta, si imposante avec ses blocs de porphyre amygdalaire, on pénètre dans la zone des nitrates de soude. J'ai pu, grâce à l'amabilité de M. Manselli, visiter son exploitation de nitrates à la Salitrera del Carmen.

Entre les parallèles 23 et 25, à une soixantaine de kilomètres en ligne droite de la côte du Pacifique entre Antofagasta et Pampa Alta, il m'a été permis d'étudier des exploitations de nitrate de soude ou *salitreras*. Celles-ci ont une étendue plus grande que celle qui leur est actuellement assignée. Les dépôts de nitrate d'Aguas Blancas, par exemple, partent du 25ᵉ parallèle et se continuent au delà du 24ᵉ. Le dépôt le plus rapproché d'Antofagasta est celui de Portezuelo connu sous le nom de *Salar del Carmen*. Ce dernier, vu sa couleur terreuse et son état hygrométrique, a l'apparence d'une terre fraîchement labourée. Le nitrate de soude de Salar Carmen décèle, à l'analyse :

Nitrate de soude	35.00 p. 100.
Sulfate { de soude	2.21
de magnésie	0.04
Iodate de soude	0.02
Chlorure de sodium	28.22
Matières insolubles	34.51

Un phénomène d'ordre purement local a lieu à Salar del Carmen : le dépôt de nitrate en cet endroit est, paraît-il, l'objet d'une nouvelle exploitation tous les cinq ans. Ayant pu me rendre parfaitement compte de la déliquescence du nitrate de soude, je suis arrivé à cette conclusion que les dépôts de nitrate d'Aguas Blancas situés entre la Sierra del Arbol et le groupe montagneux de Tres Tetas devaient alimenter ceux de Salar del Carmen. A

Aguas Blancas, les dépôts de nitrate reconnus sur une longueur de 22 kilomètres et une largeur de 20 kilomètres ont, en réalité, une longueur de plus du double dans la direction nord.

A mesure que l'on remonte au nord-nord-est vers Cuevitas, Carmen Alto et Pampa Central, la qualité du nitrate de soude devient sensiblement meilleure.

Au point de vue géologique, les dépôts de nitrate de soude se subdivisent, d'une manière générale, en quatre ou cinq niveaux superposés.

En commençant par le plus inférieur on rencontre : 1° le *ripio* ou agglomération de cailloux roulés ; 2° la *coba* ou *cova*, sorte d'argile avec cristaux de sulfate de chaux accompagnés souvent de thénardite ou sulfate de soude anhydre ; 3° le *conjelo* ou chlorure de sodium mélangé de terre ; 4° le *caliche* ou nitrate de soude proprement dit, dans la proportion de 35 p. 100 avec chlorure de sodium et terre ; 5° la *costra* ou croûte de surface, mélange de terre et de chlorure de sodium.

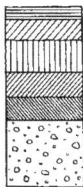

Sulfate de chaux
Costra ou chlorure de sodium, argile et amas détritiques de roches éruptives.
Caliche ou nitrate de soude et chlorure de sodium.
Conjelo ou chlorure de sodium et terre
Coba et cova ou argile avec cristaux de sulfate de chaux et Thénardite.
Ripio ou agglomération de cailloux roulés

Coupe générale des dépôts de nitrate de soude dans le désert d'Atacama.

L'analyse de la *coba* de Salar del Carmen est la suivante :

Nitrate de soude...............................	5.90 p. 100.
Chlorure de sodium...........................	27.21
Sulfate de chaux	2.36
Matières insolubles............................	61.73
Humidité.....................................	2.80

Aux environs immédiats de Pampa Central (Chili), à Salar Blanco ou Pampa Blanca, j'ai trouvé à la surface du sol des cristaux de mésotype ou natrolite en noyaux sphéroïdaux radiés, puis au-dessous la coba avec cristaux de thénardite. Ceux-ci s'effleurissent vite au contact de l'air ; ils prennent alors une couleur blanche.

A Pampa Central, le nitrate de soude est diversement coloré. La coloration jaune est la plus commune; elle est due au chromate de potasse ou tarapacaïte CrO^4K^2. Aux alentours de Pampa Central, j'ai observé un nitrate de soude huileux en raison probablement de la présence d'un carbure.

C'est vers 1825 que l'on commença à exploiter en grand le nitrate de soude dans la province de Tarapaca; il était alors envoyé au Chili pour y être raffiné; c'est pour cela que le nitrate de soude a été connu en Europe sous le nom de *salpêtre du Chili*. Les dépôts de nitrate de soude se reconnaissent à première vue à certains caractères qu'il est bon d'indiquer ici. Les terrains connus sous le nom de *Salares* forment à la surface du sol des masses caverneuses saillantes, composées de chlorure de sodium, de sulfate de soude et de chaux mêlés à des quantités de terre variables. C'est sous cette couche qu'on trouve le nitrate de soude mélangé de terre. Le nitrate de soude remplit généralement les dépressions naturelles du sol et laisse entrevoir l'existence de petits bassins où les eaux ont dû s'accumuler à un moment donné. Il y a encore un caractère extérieur qui permet de reconnaître la présence du nitrate de soude : ce sont les nombreuses crevasses en forme de polygones irréguliers qui se croisent en tous sens sur le sol. Ces formes très bizarres sont le résultat du retrait du nitrate de soude qui, en cristallisant, s'est divisé ainsi en prismes. Il semble bien que ce soit au pied des *Cerros,* là où le terrain est le plus en déclivité, que les dépôts de nitrate de soude sont les plus riches.

L'exploitation de nitrate de soude repose sur des propriétés dissolvantes : or, à une température élevée, le nitrate se dissout beaucoup plus facilement que dans l'eau froide; il resterait à examiner s'il ne serait pas possible de profiter du climat même du désert d'Atacama pour raffiner sur place le nitrate de soude en substituant à la houille l'action solaire. Quant à la puissance des dépôts de nitrate de soude, elle est très variable. Le nitrate se présente en couches très irrégulières dont l'épaisseur varie de 1 centimètre à plus de 2 mètres. D'après Pissis, le nitrate proviendrait de la décomposition des roches feldspathiques : « Toutes les salpêtrières, dit-il, sont entourées de hauteurs composées de roches feldspathiques; le sable qui couvre la plaine et le terrain qui forme la pente des hauteurs ont la même constitution. Les feldspaths qui forment ces roches sont le labradorite, l'albite et l'oligoclase : le labradorite contient une grande quantité de chaux, l'albite de 8 à 10 p. 100 de soude, et l'oligoclase de la soude et de la potasse. On trouve donc dans ces corps la base des sels qu'on rencontre dans les salpêtrières; il n'y manque que les acides. Toutes ces roches contiennent des pyrites, dont l'oxydation a pu fournir l'acide sulfurique. On sait d'ailleurs que le chlore est produit en grande quantité dans les émanations volcaniques, et qu'une grande partie des eaux qui sortent des trachytes contiennent des quantités considérables de chlorures.

« La formation de l'acide nitrique semble, à première vue, présenter plus de difficulté; mais les expériences de Cloëz ont établi d'une manière certaine que les carbonates alcalins, mis en présence de matières oxydables, ont la propriété de condenser les éléments de l'air atmosphérique et de le transformer en acide nitrique.

« On sait d'ailleurs que, sous l'influence de l'air, les feldspaths se changent en kaolin, abandonnant leurs bases alcalines qui passent à l'état de carbonates, tandis que les silicates de fer du mica, de l'augite et de l'amphibole s'oxydent. Cette décomposition réalise les conditions requises pour produire l'acide nitrique. Les roches du désert, en s'effritant peu à peu, se réduisent en gros sable, qui s'étend sur la pente des montagnes, d'où les pluies rares mais copieuses du désert les entraînent dans les plaines. Ces sables feldspathiques subissent la décomposition que nous venons d'indiquer et se réduisent en une terre composée de kaolin, d'oxyde de fer, de sulfate de chaux, de chlorure de sodium et de carbonate de soude. Ce dernier se change à son tour en nitrate, et, lorsque viennent d'autres pluies, les sels les plus solubles sont emportés par les eaux qui s'infiltrent jusqu'à la base des hauteurs, tandis que le sulfate de chaux, beaucoup moins soluble, reste mêlé au kaolin. Cette couche de sulfate de chaux et d'argile, qui forme la croûte des salpêtrières, se trouve non seulement dans les plaines, mais jusqu'au sommet des hauteurs, et, en quelque endroit qu'on écarte le sable de la surface, on trouve une matière blanche, poreuse, formée pour la plus grande partie de sulfate de chaux. Lorsque les eaux d'infiltrations s'évaporent, les sels qu'elles tenaient en dissolution se cristallisent, et c'est ce qui explique pourquoi le salpêtre se trouve toujours mêlé d'une quantité plus ou moins grande de terre et de sable. »

Cette explication très ingénieuse ne me semble pourtant pas répondre aux conditions que la nature a mises en œuvre.

ORIGINE DU NITRATE DE SOUDE. — La question de l'origine du nitrate constitue un problème des plus obscurs.

Étant donnée la présence du chlorure de sodium dans les dépôts de nitrate, on serait tenté d'assimiler ceux-ci à des apports marins; cependant, comme il n'y a dans les nitrates ni roches stratifiées, ni débris coquilliers, il me paraît naturel de chercher en dehors de toute intervention marine une explication rationnelle. Un fait intéressant à noter est la présence du nitrate de soude au milieu de roches éruptives.

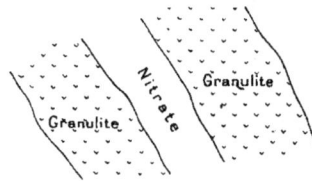

Nitrate enclavé dans de la Granulite
(Sommet du Cerro Cienfuegos)
DÉSERT D'ATACAMA

Dans le désert d'Atacama, au sommet des massifs montagneux de Pampa Cienfuegos, j'ai découvert du nitrate de soude engagé dans une roche granulitique. Ce nitrate n'est assurément pas venu d'ailleurs, il a bien dû se former à l'endroit même où je l'ai vu. Seulement, comme la roche éruptive encaissante n'est en aucune façon décomposée, il m'est impossible de m'expliquer la formation du nitrate de soude sans admettre l'influence directe de phénomènes d'origine profonde.

Des lacs de nitrate de soude se seront alors formés, et le nitrate aura pénétré dans les fissures des roches. Le nitrate ensuite aura suivi la pente même du terrain pour constituer la région dite des *salitres*.

Les terrains de transport qui accompagnent souvent les nitrates ont bien dû être charriés à une époque où le système météorologique était tout autre qu'aujourd'hui, car il y a une absence presque totale de pluies actuellement dans le désert d'Atacama.

Parmi les substances minérales voisines du nitrate de soude ou caliche, je mentionnerai un iodate de chaux $[IO^3]^2Ca$, en cristaux monocliniques (Lautare, Carmen Alto).

L'iode contenu dans les nitrates donne à Antofagasta un rendement tel, que, pour maintenir son prix élevé eu égard à la consommation limitée, il est jeté, dit-on, chaque année plusieurs tonnes d'iode dans l'océan. On comprend dès lors pourquoi l'industrie qui consistait autrefois à extraire l'iode des algues marines en Basse-Bretagne est aujourd'hui complètement tombée.

CARACOLÈS.

A 42 kilomètres au sud-est de Sierra Gorda se trouve le village de Caracolès. Là, la plupart des maisons, comme à Antofagasta, sont construites en bois et n'ont point d'étages. Cette remarque a son importance au point de vue géologique en raison des nombreux tremblements de terre qui ébranlent cette région.

La montagne ou cerro au pied de laquelle est bâti Caracolès a une forme en dos d'âne provoquée par une éruption porphyrique qui s'est fait jour au milieu de roches suprajurassiques. Cette venue porphyrique m'a semblé avoir eu lieu longtemps après la formation des sédiments.

Caracolès, en espagnol *coquille enroulée,* tire son nom des fossiles jurassiques que l'on rencontre çà et là aux alentours. J'ai recueilli :

1° A Caracolès : *Posidonia ornati* Quenstedt; *Posidonia Dalmasi* Dumortier, espèce en tous points semblable à celles de la Voulte (Ardèche); *Macrocephalites macrocephalus* Schlot. ; *Gryphæa Darwini* Forb. ;

2° A Marmolès (environs de Caracolès) : *Ancyloceras,* une espèce voisine de *A. Calloviense* de Kelloway Morris; *Reineckia Stuebeli* Stein; *Reineckia Douvillei* Stein; *Perisphinctes* du groupe *curvicosta* Oppert[1], un lit à écailles de poissons, *fish-bed.*

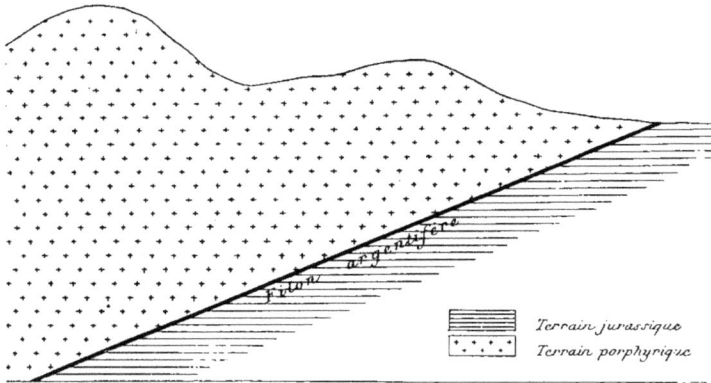

Vue du Cerro Carrasco à Caracolès (Chili).
Filon argentifère au contact des roches éruptives et sédimentaires. Direction du filon N.-S.

Bien qu'il ait été signalé déjà à Caracolès des espèces qui pourraient être classées dans l'étage oxfordien, je n'ai trouvé que des espèces calloviennes,

Je mentionnerai encore tout près du village de Caracolès, au sommet d'une montagne ou cerro, dans un calcaire Jaunâtre, la présence de lingules jurassiques appartenant à *Lingula Plagemanni* (cf.) Moricke.

[1] Je dois à l'obligeance de M. H. Douvillé, professeur à l'École des mines, d'avoir pu déterminer ces fossiles de Caracolès.

Il est intéressant de constater combien sont étendues les espèces de Caracolès que l'on voit représentées dans les deux hémisphères.

A Caracolès, les principaux filons d'argent ont une direction Nord-Sud; ils plongent dans des calcaires noirs compacts d'âge jurassique. Au groupe minier de California, ces calcaires portent des empreintes de bélemnites indéterminables absolument aplaties par métamorphisme dynamique.

Il faut signaler tout spécialement aux environs de Caracolès le marbre de Marmolès. Ce dernier m'a paru être un produit de métamorphisme thermal des calcaires suprajurassiques. Je ne saurais, au reste, mieux le comparer quant à son mode de formation qu'au marbre de Carrare des Alpes Apuennes (Italie). C'est bien à un phénomène de métasomatisme que l'on a affaire ici, c'est-à-dire à une recristallisation des calcaires jurassiques.

Disposition filonienne en chapelet des minerais d'argent à Caracolès.

A Caracolès, j'ai observé certains porphyres à grands éléments très altérés; vers la Quebrada Honda, j'ai recueilli une roche très fraîche, un gabbro à olivine au Cerro Pedregoso au-dessus de sédiments jurassiques.

Le sulfate de baryte ou barytine est, comme à Pontgibeaud (France), la gangue habituelle des filons d'argent. Au groupe minier de California, j'ai trouvé du chlorure d'argent avec du silicate de cuivre $SO^4 CuH^2$ (Dioptase).

Le chlorure d'argent s'associe parfois au chlorure de sodium dans la proportion de 11 p. 100 pour former la huantajayite, mais jusqu'ici on n'a rencontré cette association qu'à Huantajaya (province de Tarapaca).

La *Huantajayite* ou *Lechedor* des mineurs a été reconnue

dès 1853, et étudiée en 1873 par A. Raimondi dans les « Annales de la Société de pharmacie de Lima, n° 6 ». D'après ce savant, la huantajayite cristallise en cubes, comme les chlorures de sodium et d'argent dont elle est formée. Généralement, elle se présente sous forme de minces croûtes d'argent salin qui, examinées à la loupe, se montrent constituées par l'agglomération de petits cubes qui mesurent à peu près 1 millimètre de côté. La huantajayite se présente encore sous la forme de petites croûtes qui offrent une structure fibreuse analogue à celle que présente souvent le chlorure de sodium ou sel commun. Enfin ce minéral affecte quelquefois une structure semi-cristalline et s'introduit en tous sens dans le carbonate de chaux argileux et ferrugineux qui sert de gangue à d'autres minéraux d'argent, entrant quelquefois pour plus de 10 p. 100 dans le poids total du minerai. Pour dissoudre une proportion si grande de chlorure d'argent dans une solution de chlorure de sodium, il a certainement fallu une température très élevée. Or on conçoit que la combinaison n'a pu s'effectuer qu'au moment du remplissage métallifère des filons de Huantajaya, s'il est vrai qu'ils sont l'œuvre d'une activité thermale et peut-être solfatarienne.

En ce qui concerne la découverte des mines d'argent de Caracolès, elle ne remonte pas au delà de l'année 1870. A cette époque, le désert d'Atacama appartenait encore à la Bolivie. Des Indiens auraient apporté à Cobija des minerais pour en connaître la nature et la valeur. C'étaient des boules de chlorure d'argent, d'une teneur de 60 p. 100. Une expédition fut immédiatement organisée pour retrouver les gîtes métallifères d'où les Indiens avaient tiré leurs échantillons. Après avoir longtemps erré dans le désert, elle finit par rencontrer à Caracolès des amas de chlorure d'argent. Aujourd'hui, les mines de Caracolès sont épuisées ; les sulfures qui, en profondeur, ont remplacé les chlorures sont devenus de plus en plus pauvres en argent.

A Caracolès, dans la nuit du 1er au 2 juillet 1903, vers

3 heures du matin, je fus subitement réveillé par des secousses séismiques horizontales. J'appris qu'à Caracolès des
phénomènes de ce genre étaient très fréquents et que les
secousses avaient une intensité plus grande vers le nord-
ouest.

A défaut d'observations de longue durée, j'ajouterai que,
s'il peut exister un rapport quelconque entre les mouvements
du sol et les bruits souterrains, il faudrait chercher aux environs d'Aguas Dulces, au lieu nommé El Quimal, le foyer
initial des *tremblores* de Caracolès, car il y a là un bruit souterrain constant.

VERRES DE CARACOLÈS COLORÉS EN VIOLET. — Tant à Antofagasta qu'à Caracolès, j'ai ramassé des débris de verre d'une
couleur franchement violette. Cette coloration s'accusait dans
l'épaisseur du verre. Ayant moi-même observé qu'en moins de
huit jours des verres blancs prenaient une teinte rose violacée,
je me suis demandé naturellement à quelles influences était due
une semblable coloration.

Depuis les connaissances toutes nouvelles sur la radio-acti-
vité de la matière, nous savons que si l'on place pendant un
certain temps un fragment de sel de radium dans un flacon de
verre, ce dernier prend peu à peu une teinte violacée qui re-
garde l'épaisseur du verre.

Que s'est-il donc passé? Une suroxydation, sans doute, de
l'oxyde de manganèse contenu dans le savon du verrier. Il y a
donc tout lieu de croire à un phénomène analogue pour nos
verres.

Quant à la substance rayonnante capable de produire de
tels effets de coloration, il est supposable qu'elle vient du
soleil, dont l'action serait plus puissante dans la zone torride
qu'ailleurs[1]. Le sol, tout saturé de nitrate de soude d'aspect

[1] Depuis, j'ai recueilli en France à la
surface du sol des débris de verre colorés en
rose, coloration due à un commencement
d'oxydation et éminemment propre à
rendre compte de l'action exercée par les
rayons solaires.

blanchâtre, pourrait peut-être en l'occurrence produire des rayons secondaires.

Quoi qu'il en soit nos verres colorés ainsi en violet, perdent cette coloration sous l'influence de la chaleur.

CALAMA.

Sierra Gorda est à 1,622 mètres d'altitude. Là le sol est constitué par de grandes masses de granulite qui, sous l'influence solaire, ou plus précisément sous l'alternative du chaud et du froid, se délitent superficiellement en plaquettes plus ou moins grandes. J'ai pu, à quelques pas de la station de Sierra Gorda au groupe minier argentifère de San Francisco, recueillir de beaux échantillons de bromyrite de couleur vert olive. L'or qui accompagne l'argent en particules infimes, à Sierra Gorda, n'est pas exploité.

Il faut environ quatre heures de chemin de fer pour se rendre de Sierra Gorda à Calama. Le village de Calama est situé à 2,265 mètres d'altitude. C'est le seul point du désert d'Atacama où l'on puisse voir de la végétation entretenue par les eaux canalisées du Rio Loa. Cette végétation consiste en synanthérées, graminées, luzernes et quelques gros arbres transplantés. Calama repose sur d'anciens tufs calcaires d'origine chimique.

Les eaux du Rio Loa, actuellement encore, après s'être chargées dans leur cours de carbonate de chaux, le déposent lentement par suite du dégagement d'acide carbonique en excès sur des hydrocharidées. Ces dépôts calcaires, comparables quant à leur détail de structure aux stalactites, sont bien faits pour éclairer le problème de la formation des onyx de Pampa Neptune (23ᵉ parallèle)[1].

[1] Cette édification rappelle les concrétions stalactiformes secondaires qui se constituent actuellement aux dépens du calcaire de Beauce, sous l'action des eaux de circulation, sur les collines situées entre Boissy et Ormoy-la-Rivière au-dessus de la vallée de la Juine, près Étampes (Seine-et-Oise).

Les onyx (sauf les matières colorantes) sont du carbonate de chaux pur. Les parties zonées sont dues à des variations d'eaux incrustantes. Or il arrive souvent, comme j'ai d'ailleurs pu l'observer, que lorsque la silice s'est substituée au carbonate de chaux les onyx perdent en détail dans leur rubannement, mais gagnent en dureté et en aspect. J'ai ainsi recueilli aux environs de Pampa Central des onyx opalinisées par hydratation. Je citerai encore les rives du Rio Seco comme entièrement garnies de carbonates de chaux zonés. Ce ne sont, au reste, pas les seuls phénomènes d'infiltration qu'on peut rencontrer dans l'Amérique méridionale. Au-

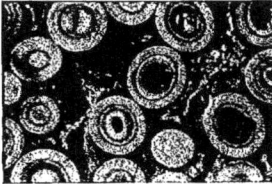

Surface polie des pisolites du lac Poopo.

tour du lac Poopo (Bolivie), il convient de mentionner la présence de pisolites agglomérées, rappelant par leur forme les dragées de Tivoli. Ces pisolites du lac Poopo se sont certainement formées sous l'action de remous par couches concentriques autour d'un petit noyau calcaire ou siliceux plus ou moins bréchiforme, comme il est facile de s'en rendre compte d'après la figure ci-contre.

Raimondi, en parlant de pisolites analogues, rapporte ce qui suit : « En 1864, je pus assister, si je puis m'exprimer ainsi, à la formation de ces dragées minérales et me rendre un compte exact du phénomène, dans une visite que je fis aux eaux thermales du village d'Omate dans la province de Moquegua (Pérou). Il existe, sur les bords de la rivière Omate, plusieurs petites sources d'eau thermale chargée de carbonate de chaux. Quelques-unes de ces sources forment comme une espèce de tasse, ou petit cratère en miniature, de quelques centimètres de diamètre, remplie d'une eau qui paraît en ébullition, par suite de l'eau et du gaz qui sortent avec force d'une étroite ouverture située au fond. Qu'on suppose à présent que, sous l'influence du vent ou de n'importe quelle autre cause, quelques grains de sable viennent à tomber dans ces tasses : ils seront aussitôt recouverts d'une mince couche de carbonate de chaux qui se dépose par suite du dégagement à l'air libre de l'acide carbonique, grâce auquel ce sel était à l'état de dissolution dans l'eau.

« Mais, comme l'eau de ce cratère en miniature est continuellement agitée par celle qui, accompagnée d'acide carbonique, sort du petit trou situé au fond, il arrive que les grains de sable déjà recouverts d'une couche de carbonate de chaux se trouvent soumis à un mouvement continuel qui les empêche d'adhérer les uns aux autres. Ils grossissent peu à peu, par suite de nouvelles couches de carbonate de chaux qui se déposent à leur surface, jusqu'à ce que, pour une cause

Calcaire lacustre pénétré de petites lymnées ventrues, Conchi (Chili).

quelconque, le trou du fond de la tasse s'obstrue, et le phénomène cesse avec la sortie de l'eau et du gaz carbonique. Les fausses dragées se déposent alors au fond du petit cratère, mais sans adhérence aucune entre elles. »

Il peut arriver également que, quand les grains ont acquis certaines dimensions, l'eau qui sort du fond de la tasse n'ait pas la force suffisante pour les mettre en mouvement. Ils restent alors en repos, et le carbonate de chaux qui continue à se déposer dans l'eau les unit entre eux, leur sert de ciment et donne ainsi naissance à de petites masses, formées de grains arrondis, analogues à celle des environs du lac Poopo.

A partir de Calama, j'ai pu suivre jusqu'à Conchi, aux bords du Rio Loa, une formation lacustre des plus intéressantes. Celle-ci consiste en un calcaire siliceux tout pétri de petites lymnées assez ventrues. Ce dépôt atteint son maximum de puissance (d'environ 5 mètres) à Conchi. Là, le calcaire

lacustre est travertiné; il s'est transformé à la surface en un
silex résinite à teintes jaunes, roses et noires, et en cacho-
long, variétés d'opale à des degrés différents d'hydratation.
Les colorations de ce silex résinite sont certainement dues à des
hydrocarbures. Au pont de Conchi, le terrain lacustre à lymnées
repose directement sur une roche volcanique andésitique à bio-
tite, laquelle forme le substratum du volcan San Pedro. L'âge
de cette andésite est bien antérieur à celui des dépôts lacustres,
car ces derniers n'ont rien perdu de leur horizontalité.

Le terrain lacustre est loin d'être fossilifère dans toute son
étendue sur les hauts plateaux; on le retrouve à Ollague, Rio
Grande, Cobrizos. En ce dernier point, la découverte d'un
fémur de mastodonte pourrait approximativement fixer l'âge de
la formation.

CHUQUICAMATA.

Si, en retournant plus au sud à Calama, on se dirige dans
la direction nord-ouest, on rencontre Chuquicamata, gîte
cuprifère extrêmement important. Celui-ci a des filons orientés
du nord au sud, un peu inclinés à l'ouest, dans des massifs
granulitiques et syénitiques.

La distribution du minerai consiste en carbonates et oxy-
chlorures à la surface, et en pyrites en profondeur.

La mine Rosario del Llano est actuellement une des plus
profondes; un de ses filons, le San Manuelo, orienté N. O. –
S. O. 30°, situé à une profondeur de 120 mètres, est uniquement constitué par de la pyrite de cuivre. La montagne minière
de Chuquicamata, complètement injectée de cuivre, est toute
criblée dans le sens horizontal de cavités nommées *llamperas*,
qui donnent d'un peu loin l'illusion de terriers de lapins. Ces
cavités ou *llamperas* représentent l'emplacement d'anciennes
exploitations de cuivre à une époque préhispanique.

Dans une de ces *llamperas*, j'ai ramassé un fragment de pelle
en roche trachytique et un énorme marteau en pierre siliceuse

à double manche en bois, dans un état d'excellente conservation. Depuis quelques années déjà, on a repris l'exploitation de ces antiques cavités, et c'est ainsi que dans l'une d'elles, au groupe minier de la Restaurada, on découvrit le corps d'un mineur indien momifié naturellement d'une façon parfaite, dans l'attitude d'un individu surpris par un éboulement. Il avait à ses côtés des marteaux en pierre semblables à celui que j'ai trouvé, ainsi que des paniers en sparterie remplis exclusivement d'atacamite.

ZONE VOLCANIQUE DU SAN PEDRO.

Entre les 21ᵉ et 23ᵉ degrés de latitude Sud, au nord de Calama, l'activité volcanique a été, à la fin de la période tertiaire, d'une intensité extraordinaire.

Citons par exemple, sur la grande chaîne occidentale des Andes, les volcans San Pedro et San Pablo, Poruña et toutes les montagnes volcaniques avoisinantes sans cratère (caractère fugace des volcans), Talco, Olka, etc.

Le volcan Poruña se trouve à 6 kilomètres au nord de la station de San Pedro (3,233 mètres d'altitude); il a une forme très régulière, son éguelement a une direction Sud-Ouest, certaines de ses laves laissent voir des fendillements caractéristiques résultant d'une torsion mécanique au moment de leur épanchement. Poruña est une pustule parasitaire insignifiante par rapport à l'imposante masse volcanique du San Pedro qui se dresse devant elle dans la direction Est, à une distance de 12 kilomètres.

La question de connaître si le San Pedro était, oui ou non, un volcan en activité m'en fit faire l'ascension. Le 11 juin 1903, après une première tentative, alors que j'étais arrivé vers 8 heures du soir à près de 500 mètres du sommet, je perdis mon guide et fus dans la nécessité de regagner la station de San Pedro où j'avais établi mon gîte. Le 16 juin, parti le matin à 7 heures à la cote 4,070, j'arrivai à 4 h. 5 au sommet où je notai l'altitude de 5,635 mètres à la température de 7 degrés centigrades au-dessous de zéro[1].

[1] Dans le *Bulletin de la Société de géographie commerciale de Paris*, j'ai relaté ainsi tout au long le récit de cette périlleuse ascension :

« Je partis le 11 juin 1903, vers 8 heures du matin, de la station San Pedro, située à une altitude de 3,230 mètres, pour faire l'ascension du fameux volcan, et j'arrivai vers 8 heures du soir, à près de 500 mètres du sommet. Le ciel était très étoilé. Mon guide, atteint de ce terrible mal des montagnes qu'on appelle la *puna*, se plaignait de fortes névralgies dans la tête. Je le débarrassai aussitôt de ma fourrure et de mon revolver, et je résolus de descendre au plus vite. A peine avions-nous fait quelques pas, que mon guide disparut subitement. Je me mis à l'appeler, mais ce fut en vain. Était-il tombé dans un précipice ou venait-il d'être frappé d'apoplexie ?

« C'étaient autant de questions alarmantes que je roulais en mon esprit. J'arrivai enfin le 12, à 4 heures et demie du matin, à la station San Pedro, tout transi par le froid. Mes mules, que j'avais heureusement retrouvées, m'avaient permis de franchir rapidement la distance de 14 kilomètres qui sépare le pied du volcan de la station de chemin de fer. A 1 heure de l'après-midi, j'eus la surprise de revoir mon guide qui arrivait couché sur un petit wagonnet nommé *carrito*. Ce malheureux, à la suite d'une chute dans laquelle il perdit mon sac qui contenait mes notes et mon marteau, avait dû passer la nuit sur le volcan ; le froid l'avait naturellement saisi, mais il avait pu, le jour venu, se traîner jusqu'à la ligne du chemin de fer, d'où il s'était fait apercevoir d'ouvriers de la ligne qui le ramenèrent naturellement à la station. Les pieds de mon guide avaient complètement blanchi sous l'action du froid, je le frictionnai et le fis diriger le soir

même par le train sur l'hôpital de Calama.

« Malgré ce premier insuccès, la question de savoir si le San Pedro était un volcan, oui ou non, en activité me travaillait l'esprit. Le 15, je tentai à nouveau l'ascension, cette fois avec trois individus métis de blancs et d'Indiens, du nom de Filémon Moralès, Pedro Copas, Francisco Fernandez. J'allai en leur compagnie passer la nuit au pied du volcan. Le 16, à 7 heures du matin, nous nous mîmes en marche pour l'ascension. Copas et Fernandez furent obligés de nous quitter à mi-chemin ; l'un d'eux même eut de forts saignements de nez.

« J'atteignis enfin la cime du volcan à 4 heures 5 de l'après-midi et constatai l'altitude de 5,635 mètres au-dessus du niveau de la mer, à la température de 7 degrés centigrades au-dessous de zéro. Moralès fit mine de se trouver mal, une certaine contraction de ses traits me dévoila évidemment sa souffrance. Je le ranimai en lui mettant dans la bouche quelques cristaux d'acide citrique que j'avais emportés. Quant à moi, j'éprouvai aussi une impression assez pénible. Il me semblait que ma tête se trouvait serrée comme dans un étau à la hauteur des tempes et que la matière cérébrale allait éclater. Je reconnus que le sommet du volcan était composé de *lapilli* pulvérisés improprement appelés *cendres*; je vis que l'éguculement avait une direction Sud-Est et que la chaudière (*caldera*) était dans sa moitié disloquée par suite de l'éruption postérieure du San Pablo.

« Je ne constatai aucune fissure sur le San Pedro, mais j'eus la preuve qu'il était indispensable de ne pas séparer topographiquement le San Pedro du San Pablo. Je laissai au sommet, dans une bouteille, une fiche où étaient notés divers rensei-

Pendant cette ascension, j'avais constaté la disparition complète de la flore à la cote 4,500 mètres.

La cime du volcan San Pedro est extrêmement plate; elle est toute recouverte de lapilli pulvérisés improprement appelés cendres; l'égueulement a une direction S. S. E.

Quant au San Pablo, il doit être considéré comme un second volcan qui, au cours de son éruption spécifique, a disloqué la moitié du cratère du San Pedro. On ne peut donc point séparer topographiquement le San Pedro du San Pablo.

L'éruption du San Pablo s'est manifestée postérieurement à celle du San Pedro, et son altitude ne dépasse de guère plus de 300 mètres environ celle du San Pedro.

LES BORATES DE CHAUX.

CEBOLLAR, RIO GRANDE.

A une demi-journée du San Pedro, je gagnai dans la direction Nord la région des borates de chaux ou *borateras*. Celle-ci

gnements, entre autres l'altitude et les noms des chefs de la mission.

« La descente fut plus difficile que la montée. Il y avait déjà plus de trois heures que nous étions occupés à descendre, lorsque la nuit vint nous surprendre. Alors que nous avancions à tâtons à travers un chaos inextricable de laves coupantes, je m'en allai, par suite d'un faux pas, rouler dans le vide en m'évanouissant. Combien de temps restai-je dans cette situation critique? je n'en sais rien; le froid intense me fit sortir du coma. Malgré les gants, mes mains étaient toutes gluantes de sang, ma jambe droite contusionnée me faisait horriblement mal. J'étais dans un état d'angoisse indescriptible, je voulais crier et ma voix n'avait plus d'écho. Mon compagnon, lui, ignorait ce qui venait de se passer : ne m'entendant plus causer, il s'était tranquillement assis.

« Je me retrouvai ensuite comme par hasard à ses côtés : je lui fis signe de ne me toucher qu'aux bras, et je ne me sentis plus la force de parler. « *Yareta* » fut le seul mot que j'articulai : c'est qu'en effet la *Yareta* ou *Llareta* est l'unique plante parasitaire combustible que nous avions quelque chance de rencontrer à la cote 4500. Nous atteignîmes cette zone de végétation au prix de grosses souffrances. Ma jambe droite blessée m'arrachait à chaque pas un cri de douleur, et mes mains ne pouvaient plus me rendre aucun service. Je passai donc la nuit sur le flanc du volcan à côté d'un feu de *yareta*, et le 17, à midi, je regagnai la station de San Pedro où je me rétablis assez promptement. »

Cf. G. COURTY, *Sur les Hauts-Plateaux de Bolivie.* — Le sol et les habitants. (*B. S. G. comm. de Paris*, XXVI, p. 614-619).

s'étend d'Ascotan (3,750 mètres d'altitude) à Cebollar (3,729 mètres d'altitude).

Le borate se présente ici à l'état de tétraborate de chaux
hydraté $B^4O^7Ca + 6H^2O$; il résulte de l'agglomération de petites
boules à texture fibreuse qui se sont peu à peu agglutinées.

Pour l'exploitation de ces borates, on enlève une première
couche superficielle, épaisse d'environ o m. 20. Cette dernière
est formée d'un mélange de sulfate de chaux, de magnésie et
de cendres volcaniques. Immédiatement au-dessous repose la
couche de borate de chaux exploitable sur une épaisseur de
o m. 35. Ce borate, quand il est débarrassé de son eau de car-
rière, devint très léger; il est, de plus, d'un blanc neigeux et
d'un toucher soyeux.

J'ai pu également me rendre compte de la couche située au-
dessous du borate de chaux exploitable. Celle-ci est formée de
sulfate de chaux, de silice, d'alumine et de nombreuses particules d'obsidienne à aspect vitreux.

A Ascotan, il y a trois sources (*ojos de agua*) qui sourdent à
proximité des *borateras* en alimentant la vaste lagune d'Ascotan.

Le niveau de cette lagune reste à peu près constant pendant toute l'année, en raison de l'évaporation.

FAUNULE DE LA LAGUNE D'ASCOTAN.

J'ai recueilli à la lagune d'Ascotan une faunule lacustre toute
nouvelle, savoir :

PLANORBIS CREQUII *nov. sp.* Courty. — Taille petite, diamètre transversal, 9 millimètres; 3 tours; le dernier est orné de
filets axiaux légèrement ondulés; forme discoïdale, péristome
oblique semi-lunaire; le labre est déversé à l'extérieur; le bord
columellaire légèrement étalé; l'ombilic bien ouvert.

Cette espèce ressemble à *Planorbis trivolvis* Gould, de l'île
d'Anticosti (Amérique du Nord).

PLANORBIS GRANGEI *nov. sp.* Courty. — Forme constamment

plus petite que la précédente, discoïdale; spires bien apparentes, nombre de tours moins grands, ouverture semi-lunaire plus arrondie que dans l'espèce précédente ; péristome moins oblique non déversé à l'extérieur, ombilic moins ouvert; le dernier tour orné de stries non ondulées; cette espèce a donc bien des caractères différents de la précédente; d'autre part, il est impossible de comparer cette coquille avec *Planorbis Crequii junior,* les tours étant moins nombreux dans cette dernière espèce, l'ombilic constamment plus grand et la spire moins visible dans *Planorbis Crequii.*

PALUDESTRINA ASCOTANENSIS *nov. sp.* Courty. — Forme trapue, 5 tours, le dernier assez large; les tours se développent assez rapidement, sutures profondes, péristome arrondi légèrement, anguleux à la base; diamètre transversal, 0,002; hauteur, 0,006; ombilic légèrement ouvert; test lisse avec quelques fines stries d'accroissement marquant quelques arrêts dans le développement de la coquille.

Nous avons recueilli plusieurs variétés de cette espèce :

Paludestrina Ascotanensis var. *lævigata,* caractérisée par l'étalement du bord columellaire; son aspect est lisse.

Paludestrina Ascotanensis var. *Mortilleti,* caractérisée par son labre anguleux à sa partie supérieure et ses tours développés moins rapidement.

Paludestrina Ascotanensis var. *elongata,* caractérisée par son bord columellaire non détaché et par sa forme allongée.

Paludestrina Ascotanensis var. *subfossilis,* caractérisée par son péristome également anguleux comme dans la variété *Mortilleti,* mais en diffère par sa forme ventrue et le développement de ses tours moins rapide.

Paludestrina Ascotanensis var. *elongato-angulosa,* caractérisée par la forme très anguleuse de son ouverture, sa forme mince étroite qui lui donne un aspect différent des autres.

Comme je n'ai trouvé que peu ou point de passage entre

les différentes espèces de *Paludestrina*, j'ai séparé seulement plusieurs variétés.

BITHINELLA TRUNCATA *nov. sp.* Courty. — Taille petite, diamètre transversale, 0,002; hauteur, 0,004; tours bien développés. Cette petite coquille est trapue et le développement des derniers tours est caractéristique; assez rare dans la lagune d'Ascotan; elle diffère de l'espèce suivante par son galbe plus conoïdal.

BITHINELLA NORMALIS *nov. sp.* Courty. — Cette espèce, également très répandue, diffère complètement de l'espèce précédente par le développement normal de ses tours, sa forme plus allongée, son péristome moins arrondi; sa taille est constamment plus grande.

CYCLAS FRAGILIS *nov. sp.* Courty. — Taille moyenne; diamètre transversal, 000,5; hauteur, 000,4; test orné de très fines stries d'accroissement; forme sensiblement arrondie, déprimée du côté antérieur, crochet peu visible, dent marginale parallèle.

CYCLAS SINGULARIS *nov. sp.* Courty. — Taille moyenne; diamètre transversal, 0,006; hauteur, 0,005; forme plus bombée que la précédente, crochets plus développés, dent marginale non parallèle, test orné de stries d'accroissement rugueuses.

SPHÆRIUM MINIMUM *nov. sp.* Courty. — Taille petite, diamètre transversal, 0,003; hauteur, 0,0025; test lisse, forme ovalaire peu sensiblement déprimée du côté antérieur.

LES GEYSERS DE PAMPA CUEVITAS. — C'est au nord-est de Cebollar, à Rio Grande, que s'étend la Pampa Cuevitas avec ses immenses dépôts de borates de chaux. Ceux-ci, comme ceux de Cebollar, sont formés par une agglomération de petits grains de borate que les eaux de surface ont entraînés parfois à de grandes distances.

A Rio Grande, des cristaux de calcite accompagnent les borates de chaux.

Dans la Pampa Cuevitas, à 300 mètres de la ligne de chemin de fer, à droite en partant d'Antofagasta et vis-à-vis du kilomètre *549,* j'ai observé des *Suffioni* ou petits geysers qui jaillissaient d'une façon intermittente à plus d'un mètre de hauteur. L'eau qui s'échappait de ces geysers dégageait une forte odeur de soufre et renfermait de l'acide borique. En présence de ce fait, il est permis de croire que de semblables manifestations geysériennes ont dû être autrefois d'une intensité beaucoup plus grande pour avoir pu donner naissance à des nappes de borates de chaux aussi étendues que celles de Cuevitas, de Rio Grande et de Cebollar.

Comme tous ces dépôts de borate de chaux sont groupés autour de centres volcaniques, on peut dire que les phénomènes geysériens, quoique se présentant dans des régions assez éloignées des volcans comme au Cerro Obero, environs de Cerda (Bolivia), n'en sont pas moins intimement liés au volcanisme.

LA SOLFATARE DU VOLCAN OLLAGUE.

Le volcan Ollague laisse voir, de la station de chemin de fer (3,690 mètres d'altitude), des tourbillons de fumée blanchâtre qui semblent sortir de la bouche d'un cratère.

Le 27 juin 1903, à 6 heures du matin, j'entreprends l'ascension du volcan. Les flancs de celui-ci sont recouverts de végétation (thérébentinées, queña[1], etc.); ils sont minéralogiquement constitués par des alternances de soufre et de sulfate de chaux. Dans l'impossibilité d'atteindre le sommet à cause de la nuit, j'attends patiemment le jour à l'altitude de 4,830 mètres, avec mes deux compagnons.

Le 28 au matin, ceux-ci ont la figure congestionnée par le froid, et, comme ils se plaignent de douleurs internes dans les membres, il me faut renoncer ce jour-là à mon ascension.

---

[1] Queña, arbuste du genre *Polylepis* (fam. des Sanguisorbées), d'après H.-A. Weddell.

Je ne me trouve en mesure de la recommencer que quatre
jours après, le 1er juillet. Cette fois, ma caravane se compose de
deux Chiliens et d'un Bolivien. Partis à dos de mulet à 5 heures
du soir de la station Ollague, nous arrivons à 8 heures 20 à
l'altitude de 4,195 mètres. Le thermomètre marque 5 degrés
centigrades au-dessus de zéro. Nous nous enveloppons bien
dans nos couvertures pour passer la nuit en cet endroit.

Le 2 juillet, à 5 heures du matin, j'eus la désagréable surprise de constater que nos mules avaient disparu. Pendant que
deux de mes compagnons partent à leur recherche dans différentes directions, je poursuis mon ascension avec un jeune
Chilien du nom de Félix Rios.

A proximité du sommet, je trouve de l'alunite, sulfate hydraté de potasse et d'alumine, et des concrétions siliceuses jaunâtres (produit de la réaction des fumerolles sur la roche trachytique en contact).

Je crois reconnaître la forme d'une sorte de cratère au sommet de la masse trachytique. Ce sommet s'échelonne en trois
plates-formes successives dont la plus élevée a 5,364 mètres
d'altitude. J'y parviens à 2 heures de l'après-midi; le thermomètre marque à ce moment-là 1° centigrade au-dessous de zéro.

De cet endroit élevé, j'aperçus, sur le flanc est, une solfatare
d'où s'échappaient par bouffées des vapeurs qui s'élevaient en
colonnes tourbillonnantes bien au-dessus du sommet de la
masse trachytique.

L'odeur suffocante d'hydrogène sulfuré qu'exhalent ces pa-
naches de fumée m'obligèrent à quitter rapidement le sommet.

Quelques jours après, j'étais à Cobrizos.

LES GRÈS ROUGES CUPRIFÈRES DE COBRIZOS.

Cobrizos, situé aux environs de Rio Grande, est un des gîtes
cuprifères les plus riches de Bolivie. Là le cuivre se rencontre
à l'état natif dans des grès rouges azoïques sous la forme de
grandes plaques dendritiques.

Celles-ci sont le plus généralement recouvertes d'une légère couche d'argent.

Comme à Coro Coro, on rencontre aussi beaucoup de traces d'oxyde de cuivre. Malheureusement les procédés d'extraction sont des plus primitifs : des Indiens martèlent la roche gréseuse complètement décomposée en une boue compacte pour extraire le cuivre natif.

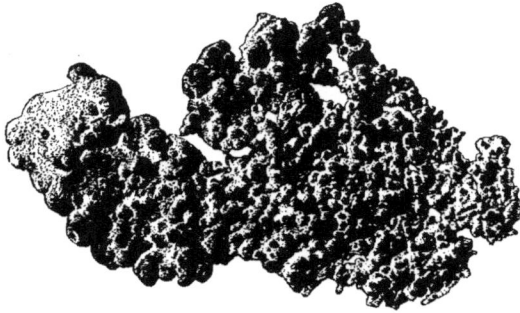

Cuivre natif de Cobrizos.

La production considérable d'acide carbonique qu'il serait si facile d'éliminer au moyen d'appareils d'aération empêche l'exploitation à plus de 45 mètres au-dessous du niveau du sol.

La formation cuivreuse de Cobrizos est identique à celle de Coro Coro; seulement, tandis qu'à Coro Coro on a trouvé dans les grès rouges cuivreux des fragments de plantes (conifères) et des restes de sauriens, à Cobrizos on n'a pas encore rencontré de fossiles dans ces mêmes grès rouges. Il est vrai que l'exploitation des mines de cuivre de Cobrizos est à peine commencée.

Toute la surface du sol, de Cobrizos jusqu'à Rio Grande, est nivelée par des calcaires lagunaires dans lesquels sont engagés parfois des ossements de gros mammifères, comme *Mastodon Andium* découvert à Cobrizos.

UYUNI. LA PAMPA DE SAL OU PAMPA SALADA.

Au nord de Rio Grande commence une zone salifère qui s'étend jusqu'à Uyuni et qui va au delà même du lac Poopo : c'est la grande Pampa de Sal.

Existe-t-il quelque rapport entre le chlorure de sodium des plages soulevées et celui de la Pampa d'Uyuni (3,659 mètres d'altitude), quant à la provenance? Je ne le crois pas. Outre que, dans l'hypothèse inadmissible d'une communication entre Uyuni et la mer actuelle à un moment donné, on devrait retrouver des traces de débris coquilliers, le sel d'Uyuni non plus que celui de Tarija ne sont des produits directs d'évaporation des eaux de la mer.

Le chlorure de sodium d'Uyuni, étant associé à du gypse, me semble dû à la double combinaison des éléments internes et des éléments de sédimentation.

En effet, les émanations volcaniques sont, à mon avis, éminemment propres à rendre compte de la présence des gîtes salins dans cette partie de l'Amérique méridionale. Si, en certains points des environs d'Uyuni, le sel s'est mélangé à une arène granulitique, ce phénomène de dissolution nouvelle peut très bien coïncider avec l'époque du régime des pluies sur les hauts plateaux. Cette constatation, d'ailleurs, paraît trouver sa confirmation dans les observations précises de Ch. Darwin.

J'ai parcouru à pied une grande partie de la Pampa de Sal et j'y ai recueilli, à l'est, des cristaux de gypse maclés affectant la forme lenticulaire, semblables à ceux que l'on découvre dans les marnes sannoisiennes aux alentours de Paris, à la Butte d'Orgemont, par exemple. A ce propos, le chlorure de sodium peut très bien avoir joué un rôle très important sur la cristallisation des gypses. M. Stanislas Meunier a d'ailleurs signalé, dans les *Comptes rendus de l'Académie des sciences* (séance du 30 novembre 1903), un cas remarquable de cristallisation spontanée du gypse :

« Ayant abandonné des boules de plâtre à la dessiccation, après une courte immersion dans l'eau salée, M. Stanislas Meunier a vu celles-ci se transformer intégralement en agrégats de cristaux de gypse; il est arrivé tout naturellement à attribuer au sel marin une sorte de faculté cristallogénique analogue, dans le domaine de la voie humide, à celle qui se manifeste si évidemment dans les réactions où intervient la chaleur. »

Il semble, en effet, qu'en ce qui concerne les lentilles de sulfate de chaux incluses dans les marnes infra- et supragypseuses, le sel marin (dont la présence dans ces marnes est incontestable en raison des trémies déjà rencontrées en 1809 par Constant Prévost) ait contribué à la cristallisation.

L'expérimentation de M. Stanislas Meunier trouve à nouveau son application avec les faits naturels à Uyuni (Bolivia). Là des cristaux de gypse sont littéralement empâtés dans du chlorure de sodium. Bien plus, je supposerais volontiers que le sel marin est la cause déterminante de la présence du gypse cristallisé dans les grès rouges permiens de Pulacayo.

PHÉNOMÈNES ÉOLIENS DES PAMPAS. — Il est de vastes espaces sur le territoire bolivien recouverts tantôt par du sable fin, tantôt par de l'arène microgranulitique. Quand le vent souffle sur cette arène, le voyageur éprouve une véritable souffrance, car les petits grains de quartz viennent lui frapper la figure et les mains en le meurtrissant.

Certains vents sont les signes précurseurs d'un orage, et c'est alors qu'ils soulèvent à une hauteur de dix à quinze mètres approximativement des masses de sables qui prennent la forme de véritables trombes. On voit une colonne de sable s'élever peu à peu vers le ciel en s'épanouissant à la façon d'un cône renversé. Celle-ci suit une marche progressive imprimée par le vent.

D'autres fois, mais plus rarement, les vents ont une intensité telle, qu'ils détruisent en certains points tout sur leur passage, comme cela se produisit devant moi à Uyuni.

C'est exactement le 17 août 1903, vers midi, qu'un véritable cyclone exerça ses ravages sur Uyuni. Or, ce jour-là,
je me rendais chez M. Juan Castilla avec M. R. . . pour dé-
jeuner.

A peine avions-nous pénétré dans une des chambres de la
maison de M. J. Castilla, qu'une avalanche de pierres provenant
des bords de la toiture s'abattit brusquement sur nos têtes.
Nous cherchâmes instinctivement à éviter le danger par la
fuite, et, dans ma hâte irréfléchie, j'empêchai la porte de s'ou-
vrir en la poussant malgré moi dans le mauvais sens.

Sans cette circonstance fortuite qui nous sauva la vie à
tous, nous nous précipitions aveuglément sous les feuilles de
zinc.

Un cyclone marchant de l'ouest à l'est venait de consom-
mer son œuvre. La toiture de la maison était complètement
arrachée et portée au loin, les tableaux dépendus et déchirés,
les portes des armoires détériorées. L'action dévastatrice du
cyclone s'était portée sur deux points distincts d'Uyuni, dis-
tants d'une centaine de mètres environ : le marché avec la
pharmacie et la maison de M. J. Castilla.

Il y eut encore quelques poteaux télégraphiques renversés
et la ligne de chemin de fer fut interceptée en plusieurs points
par des amas de sable pendant plus de quarante-huit heures
aux alentours d'Uyuni.

De mémoire d'homme, aucun habitant d'Uyuni n'avait as-
sisté à un phénomène de cette nature.

Dans ce phénomène, deux choses méritent d'être notées :
1° sa rapidité; 2° sa localisation.

En effet, il n'a certainement pas fallu plus d'une dizaine de
secondes pour permettre au vent d'accomplir tous les ravages
précités.

Le vent persista bien à souffler ensuite toute cette journée-là
avec une certaine violence, mais il ne détruisit rien.

Quant aux deux points où la destruction s'est produite, il
se pourrait que ceux-ci aient coïncidé dans le mouvement

giratoire avec les jonctions des forces du vent sur les résultantes.

Comme l'action du vent sur le sable est un des facteurs importants de l'activité externe du globe, je mentionnerai sur les Hauts-Plateaux la formation de dunes de sable affectant la forme d'une ellipse.

C'est ainsi qu'aux environs de Huancane, à Kellu-Kellu (Bolivia), j'ai observé des dunes qui présentaient une section parabolique convexe du côté du vent, et concave de l'autre côté.

PULACAYO.

Pulacayo se trouve à 4,152 mètres d'altitude, à 20°22′ latitude Sud et 66°39′ longitude Ouest de Greenwich.

La montagne minière est constituée par des grès rouges gypsifères, coupés par une roche altérée ou dacite, ainsi que par des conglomérats gréseux dont l'âge me semble devoir être rapporté pétrographiquement au permien. Les principaux filons de Pulacayo sont enclavés dans une roche que Wendt a rapportée au genre *Dacite*[1].

A Pulacayo, les deux principaux filons méritant d'être mentionnés sont : la Veta corpus et la Veta San Thomas; ceux-ci ont une direction générale Est-Ouest. Ces filons se sont d'abord

---

[1] D'après l'appréciation de M. Gust. Steinmann, «le trachyte quartzeux auquel sont attachés les minerais d'argent du Haut-Plateau bolivien, traverse, d'une part, tous les sédiments marins paléozoïques et mésozoïques, dont le membre le plus récent est le grès rouge qui porte des nérinées et des oursins mésozoïques et appartient vraisemblablement à la craie plus ancienne. D'autre part, le trachyte quartzeux est, sans aucun doute, plus ancien que les roches volcaniques récentes de caractère acide et basique qui se montrent sous toutes leurs formes d'apparition comme étant des formations néogènes tertiaires ou des formations récentes d'origine effusive».

Pour être fixé sur l'apparition de ce trachyte quartzeux (dacite), qui a une importance capitale quant à la formation argent du haut plateau, il faudrait d'abord connaître d'une façon positive l'âge tertiaire des sédiments. Je n'ai personnellement rencontré aucun fossile qui pût apporter quelque éclaircissement à ce sujet, et je ne sache pas que les observations antérieures soient suffisamment catégoriques pour rejeter aujourd'hui l'examen subjectif tiré du caractère pétrographique des roches en question.

rencontrés à l'état fragmentaire à la surface; ils se réunirent ensuite au-dessous de la galène, à une profondeur moyenne de 120 mètres. C'est en raison de ce fait qu'est due la prospérité de la mine de Pulacayo. Relativement aux détails techniques sur l'exploitation de ces mines, on peut consulter les notes de R. V. Muñoz, parues dans le *Bulletin des mines de Lima*, 1890, t. XII, ainsi que le *Bulletin de la Société nationale des mines*, publié à Santiago du Chili, 1891, p. 15.

Quant au remplissage de ces filons, les épontes se composent de pyrite et de quartz, et quelquefois de zinc sulfuré avec incrustation de pyrite en forme de stalactites; le filon proprement dit contient du sulfure de zinc (blende) et du cuivre gris. Le cuivre gris prend parfois de très jolies formes tétraédriques.

On rencontre aussi, quoique plus rarement, de l'antimoine sulfuré, de la pyrargyrite et des gros cristaux de bournonite. Dans les filons, on doit citer la présence de bandes blanchâtres kaoliniques pénétrées par place de blende. L'origine de ce kaolin vient de l'altération du feldspath mêlé aux roches volcaniques qui portent le minerai.

Tétraédrite de Pulacayo.

La présence de l'or, du bismuth et de l'étain dans les filons du Pulacayo n'est pas sans intérêt en raison des formations métallifères du Haut-Plateau bolivien. La richesse des mines d'argent de Bolivie est extraordinaire; c'est surtout dans le cuivre antimonial (*falherz* des auteurs allemands), qui contient à Pulacayo quelques rares traces d'arsenic, que se rencontre l'argent dans des proportions qui, d'après Domeyko, vont jusqu'à 12 à 13 p. 100.

Les gîtes métallifères de Pulacayo sont assez curieux au point de vue de leur formation. Les stalactiques de chalcopyrite et de blende que l'on observe sur les épontes des filons semblent bien indiquer que les substances minéralisatrices se sont déposées là par voie thermale.

Les minéraux des filons de Pulacayo m'ont, par analogie, remémoré les espèces minérales de formation contemporaine reconnues par Daubrée dans les sources de Bourbonne-les-Bains. Des cristaux de cuivre gris identiques à ceux de Pulacayo ont été rencontrés à Plombières dans des conditions semblables à celles des thermes de Bourbonne-les-Bains et implantés sur un robinet romain en bronze qui était plongé dans l'eau minérale. C'est là une véritable démonstration expérimentale des faits naturels qui concerne l'histoire des minéraux en général et qui éclaire notamment la formation des gîtes métallifères de Pulacayo.

TASNA.

Le Cerro de Tasna (4,760 mètres d'altitude) est très riche en bismuth et en wolfram. Les filons sont situés sur le flanc est du cerro, au milieu de quartzites plissés au sujet desquels il est intéressant d'indiquer les phénomènes qui paraissent avoir présidé à leur plissement.

En reconnaissant avec James Hutton que les quartzites résultent de phénomènes ignés [1], il est nécessaire, après les expériences synthétiques de A. Daubrée sur la schistosité des roches, de reconnaître le rôle important des actions mécaniques.

La chaleur a certainement doué les grès de Tasna d'un certain degré de plasticité en les amenant à un état d'amollissement tel, que, malgré leur constitution antiplastique, le phénomène mécanique consécutif à l'échauffement a suffi pour leur donner une apparence schisteuse.

Cette action de ploiement est, en somme, une fausse plasti-

[1] James Hutton faisait déjà remarquer, au XVIIIᵉ siècle, l'action de la chaleur sur les schistes durcis, les ophites et les marbres dans sa *Théorie de la Terre.*

7.

cité, car les plis en U du massif Ovejeria, à Tasna, sont extrèmement fracturés.

A Tasna, ce sont des plis alternativement anticlinaux et synclinaux qui ne se sont pas trouvés séparés, en dépit de leurs cassures, jusqu'à la forme définitive qu'on peut leur voir aujourd'hui. Les mêmes exemples se présentent dans les Apalaches et, en France, dans la chaîne du Jura.

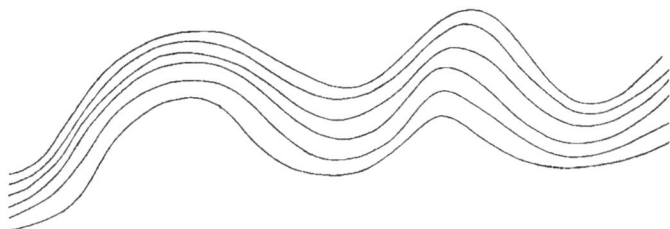

Plis en U du Cerro Ovejeria (Tasna)

J'ai détaché au Cerro de Tasna un petit crochon en quartzite que je m'empresse de représenter ici, afin de donner une idée plus exacte du phénomène igno-mécanique de schistosité.

Crochon en quartzite plissé du Cerro de Tasna comme type du ploiement des roches antiplastiques sous l'influence de phénomènes igno-mécaniques.

Toute la région ouest de Tasna est très bouleversée, et il n'est pas rare, en allant dans la direction de Totora, de distinguer des quartzites plissés suivant les formes justement définies par de Saussure.

A Tasna, on rencontre le bismuth à l'état de bismuthine Bi^2S^3 ou sulfure de bismuth avec 80 p. 100 de bismuth; ce minerai est revêtu de masses jaunâtres en agrégats fibreux ou oxydes de bismuth Bi^2O^3, lesquels résultent de la décomposition de la bismuthine. Il convient de noter également, dans les filons de bismuth, la présence du mispickel en cristaux prismatiques ayant les faces e^3 striées perpendiculairement par rapport à leur axe d'intersection.

Au Cerro de Tasna, j'ai rencontré de minces plaquettes de cuivre natif parallèlement placées à un filon de bismuth. Là, l'or et l'argent à l'état natif sont parfois associés au bismuth.

Dans un échantillon de chalcopyrite et de bismuth, on distinguait des cristaux monocliniques de vivianite, variétés que l'on trouve en Cornwall. Tasna mérite d'avoir une grosse importance à cause de gîtes très riches de wolframite.

A Tasna, l'association intime des cristaux de quartz avec les tungstates laisse entrevoir que la silice amorphe a dû cristalliser sous l'action de l'acide tungstique en fusion intervenant comme fondant. Cette manière de voir concorderait ici parfaitement avec les expériences de P. Hautefeuille sur la cristallisation de la silice[1].

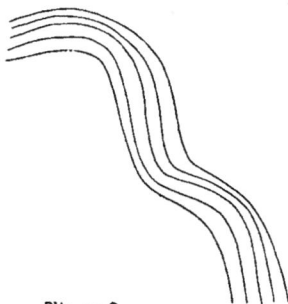

Plis en S
sur le chemin de Tasna à Totora

Le Cerro de Tasna est séparé du Cerro Ovejeria par une vallée ou *quebrada,* dans laquelle coule le rio Huayra Huasi Huayco. Celui-ci charrie des fragments plus ou moins volumineux de cassitérite. Le plus gros échantillon de cassitérite roulée que j'ai rapporté de Bolivie provient de la Quebrada Tica Huasi, près Tasna; il pèse 110 kilogr. 500. Le Cerro Ovejeria

[1] *Bulletin de la Société philomatique de Paris,* 7ᵉ série, t. II, 1877, p. 123.

est sillonné de filons stannifères et traversé par un filon de fer manganésifère très magnétique.

Celui-ci me semble plaider assez éloquemment en faveur de l'influence de la chaleur dans la région de Tasna.

Il suffit, en effet, de placer pendant quelque temps à la flamme réductrice de la poudre de manganèse pour qu'elle devienne magnétique. Et l'on arrive ainsi à reconnaître, dans les termes employés au XVIIIᵉ siècle par James Hutton, « que les roches ont, dans les Pyrénées (comme ici dans les Cordillères des Andes), subi une transformation sous l'influence de causes minéralisatrices du globe et qu'elles ont acquis une consistance inégale à tous les degrés possibles avec le concours nécessaire des phénomènes connexes de la chaleur et de la fusion[1] ».

CHOROLQUE, QUECHISLA.

Le Cerro Chorolque (5,615 mètres) est intéressant par ses gîtes d'étain. Ceux-ci, comme ceux des environs d'Oruro, forment une sorte de chapeau. Il semble que l'étain en Bolivie se soit déposé par sublimation dans la partie supérieure des filons.

En effet, les filons d'étain du Cerro Chorolque sont remplacés en profondeur par des chlorures d'argent.

Les mines d'étain de Chorolque sont certainement les plus élevées du globe. C'est à Santa Barbara (4,830 mètres), sur le penchant ouest du Cerro Chorolque, que l'on triture mécaniquement l'étain pour le séparer de sa gangue quartzeuse et l'ensacher.

Je ne quitterai point le Cerro Chorolque sans dire que sa cime même est stannifère, et que l'étain s'y présente sous l'aspect de fausses cristallisations cubiques évidemment dues à la disparition de la pyrite de fer.

Dans le rio qui descend de Santa Barbara à Quechisla

---

[1] Cf. James HUTTON. *Theory of the Earth*, vol. III, édité par Sir Archibald Geikie, p. 146. London, 1899.

(3,520 mètres), il n'est pas rare de recueillir de nombreux fragments roulés de bismuth natif et de cassitérite. A cette occasion, je citerai le Coriviri, affluent du lac Poopo (dép. d'Oruro), qui charrie également du bismuth natif.

Aux environs immédiats de Santa Barbara, dans le massif Espiritu, des filons de bismuthine prédominent; des sulfures de plomb et de cuivre gris accompagnent la bismuthine. Là un silicate de bismuth hydraté est associé au sulfure de bismuth.

Vue générale du cerro stannifère Chorolque (5,615 mètres d'altitude),
prise de Santa Barbara (4,830 mètres d'altitude).

Des quartz plus ou moins cristallisés et des porcellanites forment les minéraux des filons.

Des minéraux de bismuth amorphe se rencontrent dans les mines d'argent d'Oruro (Mina Socavon).

On retrouve le minerai d'étain au sud de la Bolivie, en zones superficielles et horizontales, dans les environs immédiats de San Vicente.

A Quechisla, le minerai en poudre est grillé pendant vingt-quatre heures au rouge sombre dans un four à réverbère dont la sole est plate. On projette de temps en temps un peu de charbon pulvérisé et l'on agite fréquemment la masse avec des râbles en fer.

Après le grillage, on procède à la réduction. Le minerai oxydé par l'opération précédente est mêlé avec 3 p. 100 de charbon et un fondant composé de chaux de sel de soude et de spath fluor. On introduit ce mélange dans un four à réverbère dont la sole est creusée en forme de cuvette, afin que le métal réduit et les scories puissent s'écouler par le trou de coulée pratiqué sur le côté du four de fusion. Au commencement de l'opération, on ferme le registre de manière que la flamme réductrice facilite la réaction du charbon sur l'oxyde de bismuth, et aussi pour éviter la volatilisation de cet oxyde. On brasse fréquemment la masse pendant deux heures; à ce moment on ouvre le registre, et le feu est activé pour atteindre la température blanche. Au bout de deux heures, le mélange est parfaitement liquide, et l'on procède à la coulée; on amène une poche en fonte garnie de terre sous le trou de coulée, et on enlève le tampon. La masse fondue s'écoule, et la poche est enlevée et abandonnée jusqu'à ce que la matière soit complètement refroidie. On trouve dans la poche trois couches distinctes qui sont séparées par ordre de densité; au fond, un culot de bismuth; au-dessus, une matte composée de sulfure de bismuth et de cuivre; enfin une scorie vitreuse contenant le fer du minerai à l'état de silicate. Il reste encore, malgré cela, du bismuth dans les scories.

Pour se rendre de Quechisla à San Vicente, il faut traverser des *quebradas* ou défilés et passer à Atocha, Tatasi et Portugalete (4,280 mètres).

A cinq lieues environ de Tatasi, j'ai recueilli des petits cristaux de quartz bipyramidés et diversements colorés par des oxydes métalliques; ils provenaient bien certainement de la démolition de roches éruptives.

Le Cerro Asunta ou Tela, près de San Vicente, m'a fourni

quelques échantillons d'étain engagé dans une sorte de grau-
wacke. Cette roche est pénétrée de petits cristaux cubiques de
pyrite de fer. Actuellement, des Indiens quéchuas se livrent
au lavage de l'étain dans les rios situés au pied du Cerro Tela.

SAN VICENTE.

San Vicente (4,360 mètres) est un gîte minier argentifère
très intéressant. Les filons d'argent paraissent avoir coïncidé
avec la venue des trachytes, qui sont eux-mêmes minéralisés
comme au Cerro Trinidad.

La stratigraphie de San Vicente est la suivante :

Ce sont d'abord, à la base, sur une grande épaisseur, des grès
rouges azoïques recouverts de conglomérats gréseux bréchi-
formes largement étalés. Ces derniers se sont trouvés disloqués
au moment de l'arrivée des roches trachytiques.

J'ai pu recueillir à San Vicente de magnifiques échantillons
de cuivre gris cristallisé en tétraèdre dans les combinaisons
$p, b\,1, \frac{1}{2}\,a^1$.

Là le sulfate de baryte abonde au milieu des amas métallifères, sous la forme de lamelles de l'épaisseur d'un doigt. Je
signalerai dans la *Mina Guernica* un accident minéralogique
assez fréquent qui consiste en la pseudomorphose de la barytine en silice; mais alors, tout en conservant l'aspect lamellaire
de la barytine, la silice de substitution n'arrive pas à dépasser
l'épaisseur d'une feuille de papier.

Je résolus ensuite de gagner l'extrême sud de la Bolivie,
vers San Antonio de Lipez, en passant par Huancane et San
Pablo.

Il faut une grande journée à dos de mulet pour se rendre
de San Vicente à Huancane (4,280 mètres). On traverse des
pampas à dunes sableuses perforées par un petit mammifère
de l'ordre des Édentés, j'ai nommé le tatou (*Dasypus villosus*).
Il semble que cet animal affectionne particulièrement les terrains sableux qu'il peut très aisément creuser pour se tapir tout

le jour. Le tatou, d'après ce que j'ai constaté, ne sort de son terrier que de grand matin.

Huancane est un point de la Bolivie assez isolé. Trois petites maisons, relativement bien agencées et construites spécialement autrefois pour des études de prospection, aujourd'hui rendez-vous de chasse à l'occasion, furent pour moi d'un très grand secours. Je rapportai des mines Mantos et San Manuel des fragments de conglomérats remaniés tout imprégnés de cuivre à l'état de carbonates hydratés. Aux alentours de Kellu-Kellu, je trouvai, dans des masses gréseuses, des sortes de dendrites de fer oxydé, hydraté, entourées d'une auréole cuivreuse d'un pittoresque effet.

A Huancane, on peut voir qu'il s'agit plutôt d'une coloration cuivreuse des roches que d'un dépôt cuivreux proprement dit, et l'on est ici loin des riches formations de cuivre natif de Cobrizos et de Coro Coro.

En quittant Huancane pour aller à San Pablo, je traversai encore de grandes étendues de sable percées par des tatous. Je rencontrai des troupeaux de nandous (*Rhea americana*) et de vigognes (*Auchenia vicunna*).

SAN PABLO ET LE CERRO RELAVE.

Je ne séjournai pour ainsi dire point à San Pablo (4,380 mètres d'altitude); je recueillis, de la main d'un Indien quechua, des *boleadoras* ou pierres de fronde en trachyte qui lui servaient à tuer des vigognes.

On me donna encore des géodes de quartz améthyste qui provenaient d'Ovejeria, canton de Guadalupe. La coloration violette de ce quartz est évidemment due au fer. Dans les pampas qui mènent de San Pablo à San Antonio, je ne fus pas peu surpris de voir que le sol était tout jonché de quartzites noirs, taillés en formes de flèches triangulaires et de grattoirs. Je descendis souvent de ma mule pour en remplir mes poches, et, après avoir noté des grès phylladiens d'âge probablement silurique au sud-ouest de San Pablo, je découvris, à 4,280 mètres, au sommet du Cerro Relave ou Relaves, des fonds de cabane avec de nombreux silex taillés. C'est ainsi que je ramassai non seulement des flèches, mais encore des pièces analogues à celles que nous trouvons en Europe, dans les stations de l'âge de la pierre polie.

Actuellement les Indiens contemplent avec indifférence ces quartzites taillés, sans se douter aucunement que leurs ancêtres les ont fait servir à leur usage[1].

SAN ANTONIO DE LIPEZ.

San Antonio de Lipez (4,640 mètres) partage avec Potosi[2] l'honneur d'avoir été, peu de temps après la conquête espagnole, un des centres miniers argentifères les plus riches de Bolivie.

On frappait monnaie autrefois à San Antonio, et il n'est pas rare de retrouver, dans les fonds de cabane, des monnaies d'argent au millésime de 1655 avec la devise : « *Plus ultra* ». Maintenant, San Antonio est un désert; il n'y a plus que de

[1] Dans mes pérégrinations sur les hauts plateaux boliviens je n'ai rencontré aucune industrie de l'âge de pierre qui m'ait paru antérieure à celle de l'époque néolithique en Europe.

[2] La montagne appelée *Hatum Potocchi*, dont les Espagnols ont fait *Potosi*, est entièrement percée de galeries souterraines. Les mines de Potosi, découvertes par l'Indien Hualpa, furent ouvertes pour l'exploitation le 21 avril 1545. De 1545 à 1571, les minerais ne furent traités que par fondage. Les conquérants espagnols adoptèrent la méthode que l'on suivait alors dans les mines du Cerro de Pasco au Pérou. On établissait sur les montagnes qui environnent la ville de Potosi des fourneaux en brique appelés *huayras*. Les Indiens y jetaient de la ga-lène et du charbon. L'air qui pénétrait par les trous des fourneaux vivifiait la flamme. Les premiers voyageurs qui ont visité les Cordillères parlent de l'impression de la vue de ces innombrables feux qui éclairaient le Cerro de Potosi. L'argent ainsi obtenu était refondu par les Indiens, qui se servaient, pour souffler le feu, d'un tube en métal percé à son extrémité inférieure d'un petit trou (d'après Von Humboldt). En 1571 le procédé d'amalgamation employé au Mexique fut apporté à Potosi par Pero Fernandez Velasco. Ce procédé a l'inconvénient de faire perdre une quantité considérable de mercure, comme le faisait déjà remarquer, en 1637, Alvaro Alonso Barba. (Cf. Bartolomé Mñez y Vela, *Annales de la ville impériale de Potosi*.)

nombreuses agglomérations de ruines sans toiture, qui té-
moignent de l'ancienne importance des gîtes métallifères.

Lors des plus récentes exploitations des filons d'argent, on
s'est contenté d'élargir quelques-unes des étroites galeries souterraines percées dans des dacites, à une époque très ancienne,
sans le secours d'aucun étai.

On comprend facilement ainsi l'origine de l'effondrement
gigantesque ou *hundimiento,* au lieu dit *la Table d'Argent* ou *la
Mesa de Plata,* situé à 4,825 mètres.

Pendant les quelques jours que je restai à San Antonio, je
recueillis des échantillons de chlorure d'argent gris (*plata
cornea*) très malléable, et aussi de l'argent natif en fines pail-
lettes disséminées dans du quartz.

Le Cerro Asurza me fournit des dacites, et l'ascension de
Nuevo Mundo (6,020 mètres) des porphyres quartzeux rougeâtres.

C'était le 22 juillet 1903 : des rafales de neiges persistantes
m'empêchèrent dès lors toute exploration, et je fus dans la
nécessité de revenir sur mes pas, vers des altitudes moins
élevées.

En retournant à Huancane, je restai plusieurs heures égaré
au milieu de la nuit et dans un état d'anxiété très grand, quand
je crus apercevoir au loin la lueur d'un feu d'Indien.

Je m'approchai dans la direction du feu, et je reconnus
mon « arriero ». M. F., qui avait bien voulu m'accompagner,
était aussi très inquiet; je le trouvai tout occupé à brûler des
herbes pour me servir de point de repère. J'étais de nouveau
à Huancane.

Il ne me faut point quitter Huancane sans signaler, au Cerro
Huanco, l'existence d'un atelier de taille de silex jaspoïdes,
moins important toutefois que celui du Cerro Relave. Je me
transportai ensuite vers Cerda, à trente lieues de là environ,
où j'examinai des bouches geysériennes.

CERRO OBERO. LES GEYSERS.

Les environs de Cerda se signalent à l'attention du voyageur par des orifices cratériformes de différente grosseur, groupés sur le Cerro Obero, 3,664 mètres d'altitude.

Comme les geysers, ces cavités se présentent sous la forme de cônes constitués par des concrétions d'aragonite fibreuse, incolores et jaunâtres, et par des amas de soufre et de soude.

Un canal tubulaire parfaitement cylindrique sert à l'arrivée de l'eau.

En examinant de près ces orifices qui sommeillent momentanément, j'ai constaté que plusieurs des canaux tubulaires débouchaient dans un tout petit bassin où apparaissait une eau sulfureuse limpide, à reflets bleutés. Lors de ma visite, rien ne faisait pressentir la rupture prochaine du calme de ces volcans d'eau. La température de l'eau sulfureuse dans ces bassins était de + 6 degrés centigrades.

Vue en plan d'un geyser du Cerro Obero

α Orifice du canal tubulaire

β Concrétions carbonatées constituant le cône du geyser

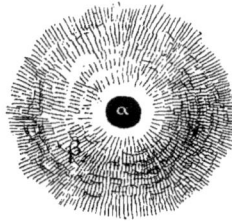

Tous les grès rouges des alentours étaient percés de petits trous et entièrement décolorés sous l'action érosive

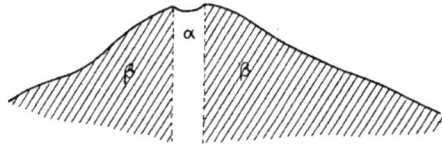

Coupe d'un geyser du Cerro Obero

α Canal tubulaire

β Concrétions d'aragonite et amas de soufre

des eaux geysériennes. Le Rio Colorado ou Rivière Rouge, qui coule au pied même de ces pustules geysériennes, est d'une blancheur extraordinaire due à la présence de carbonate de soude.

Il y a tout lieu de supposer que cette soude est de même origine que celle déposée par les sources du Mississipi et de Yellowstone Park (États-Unis d'Amérique).

C'est après avoir parcouru dans le sud des hauts plateaux un voyage total de près de deux cents lieues à dos de mulet en un mois, que je remontai plus au nord de la Bolivie dans la zone dévonienne d'Oruro.

ORURO ET SES ENVIRONS.

Toute la région comprise entre Machacamarca et Oruro (3,810 mètres) est très riche en étain et appartient vraisemblablement à la formation dévonienne, autant que j'ai pu m'en rendre compte d'après les rares fossiles que m'a obligeamment montrés P.-A. Blanco, d'Oruro.

Plus au nord de cette ville, au relais de Pataca Maya[1], sur le chemin de La Paz, les Indiens aymaras trouvent fréquemment des fossiles du genre *Cryphœus* qu'ils nomment vulgairement *pierres d'aigle.*

La colline qui domine Oruro avec ses mines Socavon, Itos et Atocha, contient beaucoup d'argent et d'étain.

Le filon Santa Rosa, de la Mina Socavon, est particulièrement riche en étain.

Et à propos d'étain, il n'y a pas très longtemps qu'on l'exploite en Bolivie, car les Espagnols, si l'on en croit A. A. Barba, paraissent l'avoir négligé en raison de son peu de valeur au xviie siècle.

« Ils (les Espagnols), dit Barba, appellent « plomb blanc » le métal connu sous le nom d'étain ; ce sont les ouvriers qui séparent l'argent du cuivre, qui donnent ce nom au métal qu'ils extraient des lingots où il se trouve mêlé et qui ressemble au plomb par sa blancheur et le bruit qu'il fait. C'est le poison des autres métaux, et tous ses alliages sont cassants, parce que sa

---

[1] *Pataca maya*, mot aymara dont la signification est « cent morts ».

présence détruit l'homogénéité primitive du métal auquel il est
allié et lui enlève sa ductilité. Il n'y a pas de gisement d'étain
partout, mais il ne manque pas dans ces riches provinces. Colquiri, non loin du village de Saint-Philippe-d'Autriche d'Oruro,
jouit d'une grande réputation pour la quantité et la qualité du
minerai qu'on en a extrait, et que l'on continue à en extraire,
minerai au milieu duquel on trouve des poches remplies de minerai d'argent. Près de Charyanta, dans les Charcas, il y a un
autre gisement d'étain, d'où l'on a tiré du minerai
en abondance depuis quelques années. Non loin
de Carabuco, près de la lagune de Chucuyto
(lac Titicaca), vers la rade de la province de
Larecaja, se trouve aussi une exploitation de ce
métal, que les Indiens ont entreprise du temps
des Incas et qui a été continuée par les Espagnols. Les filons y sont en grande quantité et
les minerais très riches; ils sont parfois mélangés
à l'argent et contiennent tous un peu de cuivre,
grâce auquel l'étain présente un plus bel aspect
et est plus dur. Sur le mont « Pico de Gallo », à
Oruro, il y a beaucoup d'étain, mais bien peu
connaissent ces gisements; toutefois ils ne ren-
ferment pas d'argent, ce que tout le monde re-

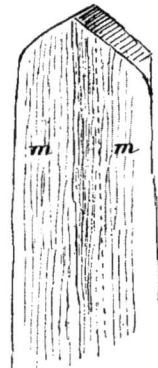

Forme des cristaux
de mispickel d'Oru-
ro (Bolivie).

cherche et ce qui fait qu'on le laisse de côté. Une des quatre
veines principales, et des plus riches qui méritent ce nom,
parmi la multitude de celles qui se trouvent sur le fameux
mont de Potosi, est la *Veine d'étain* ainsi appelée à cause de la
grande quantité de minerai qui s'y présente en affleurements;
en profondeur, l'étain est remplacé par de l'argent. »

On peut dire qu'actuellement toute la région d'Oruro est
stannifère et que les filons d'étain accompagnent les éruptions
granulitiques. C'est Negro Pabellon, Colquiri, Huanuni, Avi-
calla, Machacamarca, mines d'étain situées à une altitude de
plus de 4,000 mètres.

Les minerais de Huanuni et ceux du Huayna Potosi ont une

teneur de 60 à 70 p. 100. La plupart des filons d'étain contiennent de la pyrite de fer à une certaine profondeur. Cependant, à Huanuni, où l'on a atteint la profondeur de 300 mètres, il n'a pas été rencontré de pyrite, alors qu'à Huayna Potosi la pyrite de fer est à une profondeur moindre.

L'expression de «chapeau d'étain» est donc parfaitement applicable aux filons d'étain de Bolivie, pour indiquer que l'étain ne se trouve que dans la partie supérieure des filons. On peut, sans aucun doute, rapprocher ce phénomène filonien de ceux qu'on a également observés dans les mines du Freyberg.

J'ai recueilli à Oruro des doubles sulfures d'antimoine et de fer ainsi que des cristaux de mispickel.

Au delà de Patacamaya, on arrive, par la traversée du haut plateau occidental Ayo Ayo, Cuenco, jusqu'à l'Alto de La Paz.

LA PAZ.

La Paz est situé à 3,730 mètres au fond d'un profond ravin qui n'est assurément pas une faille, et où coule le Rio Chuquiyapo ou Choqueyapu, un des affluents du Béni. Ce Rio Chuquiyapo ou rio de La Paz descend de la Cordillère à l'O. S. O., tourne brusquement à l'E. S. E., creuse son lit dans les alluvions, suit parallèlement la direction de la Cordillère orientale, se fraye un passage au pied de l'Illimani et prend ensuite une direction N. N. E.

Le ravin de La Paz est composé d'éléments roulés appartenant aux roches dévoniennes, permo-carbonifériennes et siluriennes. Quelques lits argileux alternent avec ces susdits matériaux, et, à La Paz même, on heurte des fragments de granulites qui gisent à l'état de blocs erratiques. Ces alluvions se constatent sur une hauteur de 445 mètres, différence entre La Paz et le sommet du ravin ou Alto de La Paz (4,175 mètres).

Dans les parties inférieures des alluvions dans le Rio de La Paz, en amont, à l'endroit où la masse imposante de l'Illimani avec ses trois aiguilles blanches se dresse comme un géant à côté de la capitale lilliputienne, on trouve de l'or natif en pépites que les Indiens recherchent avec une grande patience. Cet or n'est évidemment pas en place, et il me paraît provenir de la démolition de terrains siluriens. A La Paz, les plantations d'*Eucalyptus globulus* ont contribué à dessécher le sol humide.

A l'Alto de La Paz, les Indiens aymaras ont édifié d'innombrables tas de pierres pour tirer parti de leur ingrate terre et semer leur orge.

A partir de l'Alto, la pampa devient presque horizontale sur un espace long de plus de six lieues, et à vingt-deux lieues au sud-ouest de La Paz on arrive à Coro Coro.

CORO CORO.

Coro Coro (4,050 mètres) et ses environs sont extrêmement riches en cuivre. Celui-ci se présente à l'état natif dans une gangue gréseuse assez facile à extraire. Une grande faille, dont la direction exacte est S. S. O. – N. N. E., divise la zone métallifère en deux parties.

Comme à Cobrizos, on trouve à Coro Coro non seulement du cuivre natif, mais encore du minerai noirâtre dû à la présence de l'arseniate de cuivre.

On rapporte généralement à l'étage permien les grès rouges de Coro Coro, parce qu'on assimile leur formation à celle des schistes bitumineux cuprifères de Saxe.

Le vanadium, V^2O^3, entrant dans la composition chimique du minerai de Coro Coro, permet de synchroniser la formation bolivienne avec celle de la Thuringe.

C'est, comme on le voit, une assimilation à grande distance, mais qui n'en a pas moins une certaine valeur, étant donné que le terrain houiller est immédiatement au-dessous des sédiments de Coro Coro. Il est facile de suivre l'étendue de ce terrain permien au delà du rio Desaguadero jusqu'à son embouchure dans le lac Titicaca.

IMPRIMERIE NATIONALE.

Le cuivre natif de Coro Coro est, pour ainsi dire, pur; il a des formes dendritiques très belles, comme celui de Cobrizos. Il n'est pas rare de rencontrer superficiellement sur le cuivre un léger dépôt d'argent qui ne laisse aucun doute sur la manière galvanoplastique dont le métal s'est déposé.

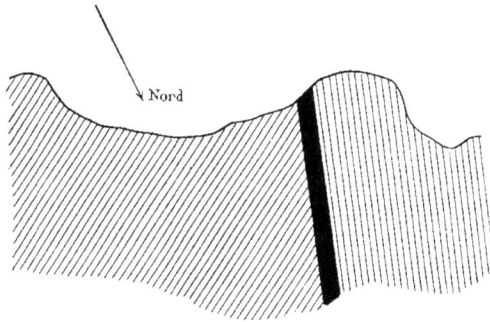

Grande faille de Coro Coro

Il n'existe pas de filons proprement dits dans les mines de cuivre de Coro Coro. Le cuivre natif se trouve disséminé irrégulièrement dans les masses de grès rouge plus ou moins argileuses.

Un accident minéralogique des plus curieux est la formation de cristaux épigènes de cuivre natif. Le cuivre a plus ou moins pris la place des cristaux d'aragonite, sans modifier le système de cristallisation.

C'est donc bien à une véritable épigénie qu'on a affaire ici. Les cristaux d'aragonite de Coro Coro présentent des degrés différents de transformation. Leur minéralisation par substitution est plus ou moins complète. La forme des cristaux est un prisme droit à angles rentrants et à stries sur les faces latérales. Les cristaux d'aragonite qui ne se sont pas épigénisés sont de la couleur de leur gangue argileuse, c'est-à-dire brun rougeâtre; leur cassure est esquilleuse, ils sont à peine translucides et point du tout homogènes; ils contiennent une quantité variable de manganèse, comme on peut le constater avec des réactifs.

Au reste, ces cristaux épigènes ayant fait l'objet d'une note intéressante de la part de I. Domeyko, parue dans les *Annales des Mines* en 1880, je n'insisterai pas autrement sur leur description.

La manière de voir de M. Sotomayor, relativement à l'origine du cuivre natif de Coro Coro, est curieuse. Celui-ci tente d'expliquer son existence par des phénomènes chimiques secondaires, suivant lesquels les sulfates de cuivre des Cordillères y auraient été réduits.

Cette hypothèse est, à mon avis, peu vraisemblable, car, à Coro Coro comme à Cobrizos, la minéralisation des masses gréseuses semble avoir accompagné des phénomènes thermochimiques indépendants des phénomènes d'ordre purement accidentel.

VIACHA, TIAHUANACO, HUAQUI.

Les chaînes ou plutôt les contreforts de la Cordillère des Andes boliviennes passant par Viacha, Tiahuanaco, Liman-Pata (4,145 mètres) et Huaqui (3,810 mètres) sont constitués par des grès rouges qui appartiennent par leur faune aux terrains dévoniens. Ces derniers, comme aux environs d'Oruro, sont traversés par des roches éruptives porphyriques et trachytiques.

Au point de vue de leur constitution minéralogique, ces grès sont tantôt durs, tantôt argileux.

La faune dévonienne qui s'y rencontre est toujours assez rare et souvent empâtée dans des fragments de grès plus ou moins roulés.

Aux environs de Viacha, à la base de la colline Letanias, Dereims dit avoir rencontré des fossiles qui l'ont fixé sur l'âge dévonien de ces sédiments. Les fossiles que j'ai ramassés aux

8.

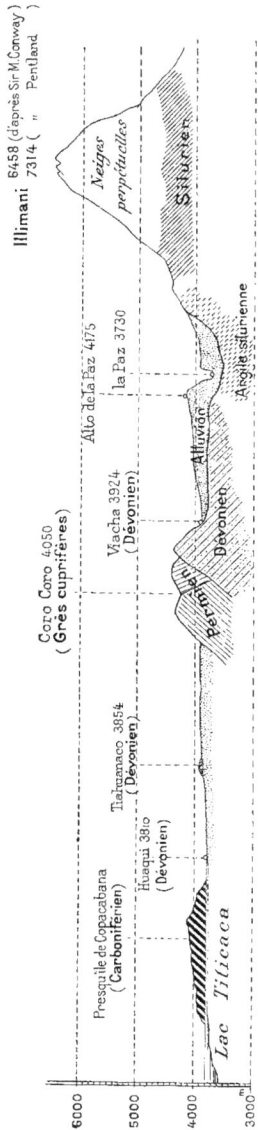

Illimani 6458 (d'après Sir M.Conway)
7314 ("   Pentland)

Neiges perpétuelles

Silurien

Alto de La Paz 4175

la Paz 3730

Argile silurienne

Coro Coro 4050
(**Grès cuprifères**)

Vacha 3924
(Dévonien)

Alluvion

Dévonien

Permien

Tiahuanaco 3854
(Dévonien)

Huaqui 3810
(Dévonien)

Presqu'île de Copacabana
(**Carbonifèrien**)

Lac Titicaca

Les hauteurs sont décuplés des longueurs

Profil schématique de La Paz à Huaqui.

G. Courty, 1906

6000
5000
4000
3000

alentours de Tiahuanaco m'ont aussi permis de fixer l'âge dévonien de ces grès rouges qui s'étendent au nord de Tiahuanaco jusqu'à Huaqui. Ces fossiles sont : *Cryphæus convexus* Ulr., *Acaste devonica* Ulr.

A l'île Quebaya, les couches du carbonifèrien inférieur (dinantien) reposent sur un porphyre verdâtre très altéré (jade de De Saussure) [1].

Ayant passé peu de temps sur les bords du lac Titicaca, je n'ai pu voir que les couches qui se déroulaient sur les lignes suivies.

Le carbonifèrien inférieur se présente aux îles d'Amasa, de Tirasa, sous l'aspect d'un calcaire compact noirâtre avec veinules de quartz; il est tout à fait analogue au calcaire de Visé ou de Saint-Hilaire [2]. Dans ces différents endroits, les couches du carbonifèrien se trouvent en concordance de stratification avec des grès rouges calcarifères

[1] Ce porphyre décomposé, susceptible d'un beau poli, se rencontre par petits blocs isolés dans les ruines de Tiahuanaco, où il y a été apporté dans le but d'être travaillé.

[2] Ce calcaire carbonifèrien existerait, d'après F. Toula, aux environs de Cochabamba, à 75 kilomètres Sud-Est ; il aurait donc une extension considérable.

sans fossiles. Aux environs d'Achacache, des grès rouges également sont pénétrés de *Leptocœlia flabellites* Conr.; ils doivent être rapportés aux terrains dévoniens. C'est surtout à l'état de contre-empreinte que l'on rencontre ce fossile.

C'est également des environs d'Achacache que doivent provenir ces énormes blocs d'andésite bien taillés qui composent les ruines de Tiahuanaco.

Les grès rouges de Tiahuanaco appartiennent à la formation dévonienne. Ceux-ci forment les contreforts de la Cordillère des Andes boliviennes ou *Cordillera Real*.

J'ai recueilli, tant à Tiahuanaco qu'aux environs : *Cryphœus convexus* Ulr. (dévonien), ainsi qu'une espèce très voisine de celle-là, *Acaste devonica* Ulr., cf. (espèce enroulée comme à Charuarani) *Actinocrinus* (?) d'Orb.

TABLEAU DU SYNCHRONISME DES FORMATIONS PRIMAIRES EN EUROPE,
EN AMÉRIQUE ET PARTICULIÈREMENT EN BOLIVIE.

TERRAINS.	EUROPE.	AMÉRIQUE.	BOLIVIE.
Permien........	Schiste cuivreux de Saxe.	Calcaire et schistes du Texas.	Grès rouges cuprifères de Cobrizos et de Coro Coro.
Carboniférien....	Calcaire de Visé ou de Saint-Hilaire.	Calcaires de l'Illinois et d'Iowa.	Conglomérats de Pulacayo. Calcaire compact noirâtre à *Productus Cora* (D'Orb.). Yarbichambi, près Huarina. Aygachi, près du lac Titicaca. Île Quebaya. Houille de Chacarilla.
Dévonien........	Calcaire de Néhou..	Schistes et calcaires de Hamilton.	Oruro, Sica Sica, Patacamaya, Viacha, Tiahuanaco.
Silurien........	Assise de Trémadoc.	Grès de Potsdam...	Schistes phylladiens de Tarija.

TROISIÈME PARTIE.

DISTRIBUTION GÉOGRAPHIQUE DES TERRAINS.

ESQUISSE GÉOLOGIQUE SOMMAIRE
DU HAUT-PLATEAU BOLIVIEN.

L'Altiplanitie ou le Haut-Plateau bolivien s'étend topographiquement du 16° jusqu'au 24° latitude Sud dans une direction N. O.—S. E. Il a une hauteur moyenne de 3,700 mètres. Il est limité à l'est par la Cordillère des Andes boliviennes ou *Cordillera Real*, dont les sommets gigantesques de Illampu ou Sorata (7,696 mètres), Huayna Potosi (6,626 mètres), Illimani (7,315 mètres, d'après Pentland)[1] sont comparables en hauteur aux monts Himalaya.

Voici, d'après le géologue Pentland, quelques observations relatives aux cimes des Cordillères des Andes. La Cordillère occidentale, celle que dans le pays on nomme la *Cordillère de la Côte,* sépare la vallée du Desaguadero (le Tibet du Nouveau-Monde) et le bassin du lac Titicaca des rives de la mer Pacifique. Cette chaîne renferme des volcans actifs, tels que Sehama, et le volcan Arequipa.

Quant à la Cordillère orientale, elle sépare la même vallée des immenses plaines des Chiquitos et des Moxos, et les affluents des rivières Béni, Marmoré et Paraguay, qui se jettent dans l'océan Atlantique, de ceux du Desaguadero et du lac Titicaca. Cette Cordillère orientale est renfermée dans les limites de la République de Bolivia. C'est là que se trouvent l'Illimani et le Sorata, les plus hautes sommités mesurées par Pentland. Non

---

[1] Les principales mesures d'altitude de l'Illimani sont les suivantes : 6,509 mètres d'après Pissis; 6,699 mètres, d'après Hugo Reck ; 6,469 mètres, d'après Minchin; 6,458 mètres, d'après Sir Martin Conway.

seulement, comme on va le voir, elles surpassent le Chimborazo, mais elles approchent même des principales cimes de l'Himalaya.

Pentland n'ayant pu gravir entièrement ni l'Illimani, ni le Sorata, à cause des immenses glaciers dont les flancs sont couverts, a mesuré la hauteur des sommets à l'aide d'opérations trigonométriques. Pour l'Illimani, les triangles étaient appuyés sur une base mesurée le long d'un lac situé au pied même de la montagne et dont la hauteur au-dessus de la mer avait été déterminée barométriquement. Les angles d'élévation surpassaient 20 degrés. La hauteur du Sorata se fonde sur une opération exécutée le long des rives du lac Titicaca; mais cette opération ayant fait connaître seulement de combien le sommet de la montagne se trouve au-dessus de la ligne marquant la limite inférieure des neiges perpétuelles, pour avoir l'élévation absolue, il a fallu emprunter la coordonnée verticale des neiges à d'autres points de la même chaîne où une mesure immédiate avait été possible. Ainsi on voit que la hauteur du Sorata a été obtenue moins directement que celle de l'Illimani. Pentland s'est assuré que l'erreur, si elle existe, doit être légère, et qu'en tous cas on ne trouvera pas qu'elle soit en excès.

Le Nevado de Sorata (7,696 mètres) forme donc la plus haute sommité de la Cordillère orientale. Cette montagne prend son nom de celui du village de Sorata, situé dans le voisinage. *Nevado,* en espagnol, signifie « couvert de neige ».

Le Nevado de l'Illimani (7,314 mètres) est à l'est-sud-est de la ville de La Paz. Pentland a mesuré le pic septentrional du massif. Le pic méridional lui a semblé encore un peu plus élevé.

En regard de ces altitudes, quelques termes de comparaison s'imposent :

L'Everest................................... 8,840 mètres.
Le Dapsang (Kara Koroum) [Asie]................ 8,615
Le Gaourisankar............................. 7,184
Cerro Nuevo Mundo (Bolivia)................... 6,020

L'Elbruz du Caucase.	5,647 mètres.
Volcan San Pedro (Chili)	5,635 [1]
Cerro Chorolque (Bolivia)	5,615 [2]
Le mont Blanc des Alpes.	4,810
Le pic de Ténériffe.	3,710
Le Chimborazo des Andes de Quito	3,610
Le Mulahasen des montagnes de Grenade (Espagne). . .	3,481
Le pic d'Aneto (Néthou).	3,404

Du 17° partent plusieurs massifs montagneux qui courent vers le Sud en s'irradiant et dont la jonction s'opère dans la province de Sur Lipez, et même, plus au sud dans la République Argentine, avec la Cordillère orientale.

Hugo Reck divise le système montagneux de la Bolivie en cinq parties :

I.   Cordillère de la Côte;

II. Cordillère des Andes ou Cordillère occidentale;

III. Cordillera Real ou Cordillère des Andes boliviennes ou Antis (des anciennes cartes);

IV. Ramifications montagneuses entre II et III;

V.   Massifs montagneux est de la Cordillera Real.

Les contreforts de la *Cordillera Real* sont constitués par des grès dévoniens que l'on retrouve à Viacha, Tiahuanaco et Huaqui. La Cordillère des Andes boliviennes serait formée, d'après d'Orbigny et Forbes, par des schistes siluriens.

Les collines situées entre Oruro et Cochabamba sont de formation dévonienne; à Machacamarca, Arque, Sora Sora, Challa, le dévonien est intimement lié aux éruptions granulitiques; ces dernières recouvrent directement les formations dévoniennes stannifères à Negro Pabellon.

Les massifs montagneux qui courent du Nord au Sud sont associés à des éruptions trachytiques comme à Pulacayo, Cobrizos, San Vincente.

---

[1] D'après G. Courty. Le volcan San Pablo est un peu plus élevé. — [2] D'après G. Courty.

Quelques phyllades d'âge silurique se montrent à Quechisla et aux environs de San Pablo, dans la direction de Relave.

Dans la Cordillère orientale, les roches granulitiques et porphyritiques (tufs) prédominent.

Je vais mentionner, pour plus de précision, les terrains que j'ai traversés avec les renseignements qui m'ont été fournis afin d'élargir le cadre de mes observations.

TERRAINS GNEISSIQUES OU GRANULITIQUES.

Les roches gneissiques couvrent une vaste portion de l'Amérique méridionale, surtout du côté oriental; elles font saillie au Brésil, de Pernambuco au delà de Santos, et gagnent d'après certains voyageurs le détroit de Magellan.

On m'a montré des gneiss soyeux grenatifères qui provenaient de la province de Chuquitos (environs de Rio de Janeiro).

A l'ouest, on retrouve les gneiss à Valparaiso.

Je ne les ai pas rencontrés pendant mes voyages sur le Haut-Plateau bolivien.

La plupart des roches gneissiques, autant que j'ai pu m'en rendre compte, sont des granulites métamorphisées dynamiquement.

A gauche de la voie ferrée de Los Andes à Valparaiso, on voit des terrains gneissiques passer à l'état d'arène.

Tous ces terrains, d'après leur position stratigraphique indiquée par Pissis, semblent former un système présilurien.

Les roches granulitiques de la Cordillère côtière sont évidemment très anciennes et doivent être justement distinguées de celles qui forment des mamelons au sommet des massifs dévoniens des environs d'Oruro.

Toute la chaîne subandine, c'est-à-dire tous les contreforts dévoniens de la Cordillère des Andes boliviennes, est généralement recoupée par des roches granulitiques, plus rarement aussi par des roches porphyritiques pétrosiliceuses et trachytiques.

ROCHES PORPHYRIQUES.

Sous ce nom, je désigne toutes les masses rocheuses qui bordent l'océan Pacifique sur la côte d'Antofagasta et qui, d'après leur situation par rapport à l'ensemble et à la composition des terrains environnants, me paraissent devoir être rapportés à un âge très ancien.

Les porphyres sont très développés à l'est du désert d'Atacama; là ils se présentent sous un facies d'altération (tufs porphyritiques de Caracolès).

On peut facilement leur assigner un âge postjurassique en considérant les sédiments calloviens qu'ils traversent; au Cerro Pedregoso (environs de Caracolès), des gabbros à olivine très frais à la cassure recouvrent des terrains du jurassique supérieur.

Certains porphyres de San Antonio de Lipez me semblent rentrer dans la catégorie des dacites.

Le quartz s'y trouve en cristaux dihexaédriques pénétrés par la pâte.

Quant aux porphyres véritablement pétrosiliceux, je les ai rencontrés à l'état fragmentaire dans les alluvions de La Paz; ils ont certainement dû être arrachés aux masses dévoniennes auxquelles ils devaient, à mon avis, être associés.

ROCHES TRACHYTIQUES.

Tandis que les roches gneissiques ou granulitiques occupent principalement la côte orientale du Continent sud-américain, que les roches porphyriques dominent dans la partie occidentale, les roches trachytiques et andésitiques sont répandues sur le versant occidental de la Cordillère des Andes entre les 21e et 22e degrés de latitude Sud.

Je les ai rencontrées associées à des grès et à des conglomérats permiens à Cobrizos, Pulacayo, San Vicente; je les ai

examinées au San Pedro, où elles s'épanouissent sur une large
étendue à la surface du sol en formant le substratum des volcans San Pedro et San Pablo.

La plupart des gros blocs, parfaitement équarris et fichés en
terre à *Tiahuanaco*, sont encore des trachytes. En comparant la
composition des diverses roches trachytiques, on arrive à distinguer plusieurs espèces différentes. Il est bien certain que les
trachytes du San Pedro diffèrent complètement de ceux de
Tiahuanaco qui doivent provenir des environs d'Achacache.
Les trachytes de San Pedro m'ont paru être les plus récents du
Haut-Plateau bolivien.

En effet, ces mêmes trachytes sont, à Conchi, recouverts par
une formation lacustre à lymnées, et, comme celle-ci n'a rien
perdu de son horizontalité, il est permis de supposer que la
venue du trachyte de San Pedro date de la fin de la période
tertiaire.

La roche trachytique de la solfatare d'Ollague diffère sensiblement de celle du San Pedro; elle est d'autant plus difficile à
déterminer, qu'elle est en partie transformée en alunite.

La roche éruptive de Pulacayo est aussi fortement kaolinisée;
elle semble être, à première vue, un trachyte décomposé;
Wendt l'a rapportée très justement au type dacite.

La plupart des immenses blocs travaillés qui forment aujourd'hui le squelette des antiques constructions de Tiahuanaco
sont en trachydolérite (andésite). La grosseur extraordinaire
desdits blocs laisse présumer que cette andésite ne vient pas
d'une région très éloignée de Tiahuanaco; je supposerais volontiers qu'elle provient des environs du lac Titicaca.

Au cours des fouilles que j'ai entreprises à Tiahuanaco de
septembre à décembre 1904, j'ai exhumé des sculptures en
ronde bosse taillées dans un trachyte métamorphisé, d'aspect
blanchâtre à la cassure. Ce trachyte est sans doute de la même
espèce que celui qui compose les gros blocs.

Comme je n'ai pas rencontré *in situ* ces trachytes, je ne puis
que les signaler sans m'occuper des terrains qui les enclavent.

TERRAINS SILURIENS.

D'Orbigny rapporte au silurien les terrains phylladiens de Bolivie. Ceux-ci forment sur les hauts plateaux des lentilles sillonnées de petits filons de quartz généralement aurifère. Les terrains siluriens se montrent à l'est de la Cordillère, sous l'aspect de phyllades micacées dont le maximum de puissance ne dépasse pas une centaine de mètres. Les fossiles y sont d'autant plus rares que les couches sont très métamorphisées ; cependant, avec un peu de patience, on arrive à apercevoir des traces de graptolithes, et encore dans les parties les moins fissiles de ces dépôts très bouleversés, c'est-à-dire dans les zones supérieures. Ces dépôts siluriens d'Amérique ont beaucoup de rapports, au point de vue minéralogique, avec les terrains d'Europe du même âge; on ne peut guère se tromper en disant qu'ils ont une physionomie identique.

J'ai observé le silurien à l'ouest de San Pablo (4,380 mètres), dans la direction du Cerro Relave, ainsi qu'à Quechisla.

Les filons de bismuth aurifère du Cerro Espiritu (Chorolque) paraissent traverser le silurien.

Cette formation a été très dénudée par endroits, et les pépites d'or que les Indiens aymaras cherchent avec beaucoup de patience dans le Rio de La Paz proviennent également de la démolition de ces terrains.

Le cassitérite d'Inquisivi, pays situé à environ trente lieues de La Paz, se rencontre aussi dans le silurien.

Le silurien présente en somme, en Bolivie, partout où il se montre, le même facies; il est recouvert généralement par des grès rouges dévoniens.

A Tarija, le silurien inférieur (cambrien supérieur ou potsdamien) est représenté par des graptolites, *Dendrograptus Hallianus* Prout., *Dictyonema retiformis* Hall, et des lingules, *lingula* cf. *attenuata* Sow. Le genre *Asaphus, A. boliviensis* d'Orb., est associé aux lingules.

Dans les phyllades pyriteuses et noires de trois localités de Bolivie, le Dr J. W. Evans a recueilli, en 1901-1902, plusieurs exemplaires de *Didymograptus;* l'un peut être rapporté au type *bifidus*, l'autre au type *affinis*, un troisième au type *Nicholsoni*. Ce savant a recueilli *Phyllograptus*, *Glossograptus*, *Cryptograptus*, *Diplograptus*. Dans une phyllade de couleur gris pâle, il a pu reconnaître une espèce comparable à *Climacograptus confertus*. Ces graptolites indiquent que les phyllades foncées et claires appartiennent aux horizons supérieurs des *Arenig Rocks*. Deux exemplaires de *Peltura*, appartenant probablement à l'horizon supérieur des *Lingula flags*, ont été aussi recueillis par le Dr J. W. Evans à Cochaiya, à environ trois milles N. E. de Pata. De nouvelles espèces de *Symphysurus* et *Trinucleus*, probablement de l'âge d'Arenig, ont été trouvées à environ un mille d'Apolo, province de Caupolican. Une espèce indéterminable d'*Ogygia* a été recueillie sur la rive droite du Rio Caca, situé dans la même province.

TERRAINS DÉVONIENS.

Les collines situées entre Oruro et Cochabamba, comprenant Challa, Huaillas, Condorchinoca, Arque, Chapi, Quirquavi, Machacamarca, Sora-Sora, Yapu, Quimza, Cruz (5,598 mètres), Negro-Pabellon (5,383 mètres), appartiennent au terrain dévonien, comme le démontre le genre *Cryphœus* que l'on rencontre çà et là en ces diverses localités. D'après les indications qui m'ont été fournies à La Paz, toute la région de Sica-Sica est très riche en fossiles. Un arrêt trop court à Sica-Sica (3,992 mètres) ne m'a pas permis de recueillir des fossiles dévoniens en cet endroit.

Tous les massifs qui s'étendent de Viacha jusqu'à Tiahuanaco et Huaqui, autour du lac Titicaca, doivent être rapportés au dévonien. La faune y est toujours assez rare, mais bien caractéristique. Ce sont, en général, des formations argilo-gréseuses dévoniennes qui passent aux grès phylladiens dans les parties les plus inférieures, et qui quelquefois recouvrent en couches concordantes le silurien [1].

Ulrich a démontré que les grès dévoniens de Bolivie et du Brésil pourraient être synchronisés avec les grès d'Oriskany, groupe Hamilton, Helderberg supérieur, d'après la présence de brachiopodes typiques comme *Leptocœlia flabellites* (Conr.), *Vitulina pustulosa* (Hall).

Le dévonien de Bolivie (environs d'Oruro et du lac Titicaca) se réunit à celui du Brésil (Parana) et des îles Malouines ou Falkland [2].

A. de Mortillet a rapporté de Tarija *Spirifer Chuquisaca* Ulr., qui indique la présence du dévonien dans cette localité.

Au point de vue minéralogique, le dévonien se présente sous l'aspect de grès rougeâtres plus ou moins durs.

Les fossiles dévoniens sont, d'après A. Dereims, particulièrement abondants sur la colline de Hampturi, à trois lieues au nord-ouest de Caracollo.

Ceux que j'ai recueillis sur plusieurs points du Haut-Plateau sont les suivants :

Cryphœus convexus Ulr., *Cryphœus giganteus* Ulr., *Acaste devonica* Ulr., *Conularia* cf. *acuta* Roemer, *Conularia Gervillei* Vern., *Nuculites Beneckei* Ulr., *Leptocœlia flabellites* Conr., *Meristella Riskowskyi* Ulr., *Spirifer Chuquisaca* Ulr., *Vitulina pustulosa* Hall., *Actinocrinus* cf. *muricatus* Goldfuss, *Actinocrinus?* d'Orb.

Phacops cf. *arbuteus*, *Dalmanites Paituna* et *D. Mœcurua* ont été trouvés sur le chemin entre Apolo et San José de Chupiamonas, dans la province de Caupolican. Les roches d'où ces fossiles ont été extraits dateraient probablement du dévonien inférieur.

---

[1] Sir Roderick Murchison, dans son ouvrage fondamental, *Siluria*, émet des doutes sur la question de savoir si les formations dévoniennes de Bolivia doivent être rapportées plutôt au silurien supérieur qu'au dévonien. Quoique le passage entre ces deux formations soit difficile à saisir en Bolivie, il me semble toutefois, d'une façon générale, que le facies spécial à chacun des deux terrains dont le développement est considérable suffit pour les distinguer.

[2] Les îles Falkland ont été découvertes par Davis en 1592.

TERRAINS CARBONIFÉRIENS.

Le carboniférien inférieur ou dinantien est parfaitement représenté, tout aux alentours du lac Titicaca, à l'état de calcaire noirâtre avec veinules de quartz. Il contient *Productus Cora* D'Orb. et peut être assimilé aux couches du bassin francobelge de Visé, ou encore à l'assise de Sablé (Sarthe), étudiée par M. OEhlert.

A l'île Quebaya, le calcaire dinantien repose sur un porphyre verdâtre décomposé et transformé en saussurite. Aux îles d'Amasa, de Tirasa, le carboniférien se trouve en concordance de stratification avec des grès rouges. A Yarbichambi, près Huarina, ainsi qu'à Aygachi, des grès calcarifères compacts font partie du terrain carbonifère. Il y aurait donc des calcaires compacts et des grès calcarifères qui appartiendraient au carboniférien immédiatement superposé au dévonien également constitué par des grès rouges.

J'ai pu voir à La Paz des échantillons de houille carboniférienne provenant de Chacarilla, sur la rive droite du Desaguadero. Ce charbon ne peut guère être utilisé en raison de sa nature pyriteuse. Il serait intéressant de reconnaître par des sondages si cette houille n'acquiert pas une meilleure qualité en profondeur, car ce serait pour la Bolivie, où le combustible fait complètement défaut, une découverte des plus importantes [1].

Il y aurait encore, paraît-il, à Todos Santos (environs d'Oruro), des anciennes exploitations de houille remontant au temps des Espagnols. Si la chose est vraie, elle serait des plus intéressantes à étudier.

Il se pourrait que de véritables couches de houille existassent en Bolivie, mais c'est là un point qui nécessiterait une étude détaillée des terrains avoisinants de la zone carboniférienne du lac Titicaca.

[1] En Bolivie, on se sert communément comme combustible d'excréments séchés de lamas, connus sous le nom de *taquia*.

Le carboniférien marin n'est qu'un facies du carboniférien à houille, comme on peut s'en rendre compte dans l'Illinois (États-Unis d'Amérique).

Au détroit du Tiquina, sur le lac Titicaca, on voit des strates fonçant presque verticalement de l'est à l'ouest et de l'ouest à l'est. C'est bien par des séries de failles que les bassins du carboniférien du haut plateau boliviano-péruvien ont été séparés; le détroit de Tiquina lui-même paraît être l'emplacement d'une faille.

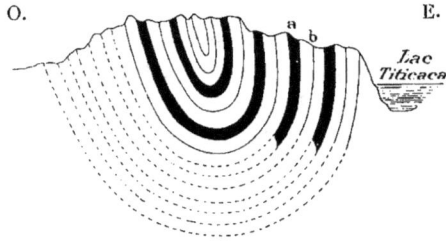

Synclinal **Carboniférien** (Presqu'île de Copacabana)

a   *Calcaire Carboniférien (Dinantien)*
b   *Grès Carboniférien*

G. Courty 1904.

A l'extrémité nord-est de la presqu'île de Copacabana, à Yampopata, une petite mine de charbon aurait été autrefois exploitée avec un rendement de trente tonnes par jour; à l'ouest de l'emplacement de cette mine, on peut voir de petits affleurements de charbon, ainsi que sur le côté est de la presqu'île de Copacabana. C'est à Yampopata et dans l'île du Soleil que l'on trouve *Eomphalus antiquus* D'Orb., espèce identique à celle du *Coal measures* de l'Amérique du Nord.

M. Orrego, dans une esquisse minéralogique des départements d'Aréquipa et de Puno, mentionne la présence du carboniférien le long de la ligne d'Arequipa à Puno.

James Orton a aussi rencontré, sur la ligne axiale du lac Titicaca, des fossiles carboniférens au Rio Pichis, au début du fleuve des Amazones.

Alex. Agassiz relate que le dévonien est lié au *Coal measures* à l'île Coati (lac Titicaca). Le schéma d'un pli synclinal fera, au reste, mieux comprendre la disposition des strates carboniférens de la région du lac Titicaca.

TERRAINS PERMIENS.

Les terrains permiens de Bolivie comprennent des conglomérats, des poudingues et des grès, tantôt rouges par peroxydation, tantôt verts par la présence d'un silicate de fer. Le permien s'étend au sud du lac Titicaca, sur les rives du Rio Desaguadero, de San Andres, jusqu'à Coro Coro, d'où il part former les collines de Carangas.

Il n'a point été trouvé jusqu'ici de fossiles permettant de déterminer d'une façon scientifique l'âge de ces sédiments; si, avec Pissis, je rapporte les conglomérats et les grès cuprifères de Bolivie à l'étage permien, c'est uniquement en m'appuyant sur des considérations pétrographiques et stratigraphiques.

Comme les gîtes cuprifères de Coro Coro présentent le même facies que ceux de la Thuringe, que de plus ils reposent directement sur le carboniférien, il est permis de croire à leur âge permien.

Les spécimens de bois carbonisés provenant des grès de Coro Coro, et examinés par David Forbes, devraient être rapportés à la famille des Conifères, mais leur structure est trop fruste pour qu'on puisse en approfondir davantage l'étude.

La formation cuivreuse de Cobrizos me paraît devoir être rapprochée de celle de Coro Coro, car la distribution du minerai est également la même dans ces deux gîtes.

Je rapporte encore à l'étage permien les conglomérats de Pulacayo ainsi que tous les grès cuprifères qui s'étendent de Cerda jusqu'à San Vicente.

Il est évident que les mines de cuivre de Cobrizos et de Coro Coro peuvent être regardées comme les plus riches du globe, et, si les moyens d'extraction étaient moins primitifs, il y aurait une source de métal cuivreux exploitable pendant plusieurs siècles en Bolivie.

TERRAINS TRIASIQUES.

Le trias bolivien, d'après A. d'Orbigny, se compose « d'une alternance de calcaires magnésifères, d'argiles bigarrées et de grès argileux friables. Personnellement, je n'ai pas nettement constaté cette formation, bien qu'elle m'ait été signalée au *Limon Verde*, dans les environs de Calama (désert d'Atacama). Selon A. d'Orbigny, des lambeaux de terrains triasiques existeraient encore à l'Apacheta de La Paz.

TERRAINS JURASSIQUES.

Par contre, j'ai pu voir les terrains jurassiques parfaitement représentés à l'est de la Cordillère orientale, notamment à Caracolès. Là on trouve facilement, à la surface du sol, des nodules calcaires empâtant des fossiles calloviens. En frappant habilement dans la partie médiane de ces nodules, on arrive à dégager des fossiles dont les mieux conservés appartiennent aux genres *Posidonia* et *Gryphœa*.

A Marmolès, les céphalopodes, tels que *Reineckia* et *Macrocephalites*, sont assez nombreux. Les sédiments de Caracolès sont disloqués par des roches éruptives porphyritiques extrêmement altérées. Partout où les sédiments se sont trouvés en contact avec la roche éruptive, ceux-ci ont été métamorphisés.

J'ai recueilli dans les calcaires jurassiques de Caracolès les fossiles suivants :

CÉPHALOPODES : *Reineckia Stuebeli* Stein.; *Reineckia Douvillei* Stein.; *Macrocephalites macrocephalus* Schlot.; *Perisphinctes* du groupe *Curvicosta* Oppert; *Ancyloceras*, espèce voisine de *A. calloviense* Morris.

LAMELLIBRANCHES : *Gryphœa Darwini* Forbes ; *Posidonia ornati* Quenstedt; *Posidonia Dalmasi* Dumortier.

TERRAINS TERTIAIRES.

Le terrain tertiaire est représenté en Bolivie par des couches lacustres morcelées, mais très développées. Dans le désert d'Atacama, par exemple, à Calama et à Conchi sur les bords du Rio Loa, j'ai rencontré des calcaires travertinés à lymnées ventrues. Cette formation lacustre est loin d'être fossilifère dans toute son étendue; elle semble niveler la portion des hauts plateaux comprise entre Calama, Ollague, Cobrizos, Uyuni et les abords du lac Poopo.

A Cobrizos, la découverte récente d'un fémur de mastodonte engagé dans le calcaire lacustre daterait à peu près l'âge de sa formation. La plus grande partie des espèces d'animaux rencontrés à Tarija (1,770 mètres) paraît se rapporter à la période tertiaire miocène. Mon opinion est que les pachydermes tels que *Mastodon Andium* Cuv. ont vécu dans la grande vallée géologique de Tarija. Plus tard, à la faveur de crues formidables, leurs cadavres, déjà fossilisés, me paraissent avoir été charriés avec le limon par les eaux fluviatiles.

La faune de Tarija semble s'étendre au nord de la Bolivie et, plus au sud encore, dans l'Argentine et dans la Patagonie.

TERRAINS PLÉISTOCÈNES.

Je rapporte à cet étage les plages soulevées des côtes du Pacifique et les terrains de transport du désert d'Atacama.

J'ai examiné avec soin les terrasses d'Antofagasta, et la découverte que je fis de cimetières indiens préhispaniques autour de l'île de la Chimba ou Tomoya, au milieu de ces terrasses, m'a conduit à penser que le soulèvement de la côte chilienne était bien antérieur à l'enfouissement des cadavres indiens.

Il m'a donc fallu abandonner l'hypothèse du soulèvement progressif, et, comme la plupart des subfossiles non roulés des terrasses rappellent les espèces actuelles, j'ai naturellement

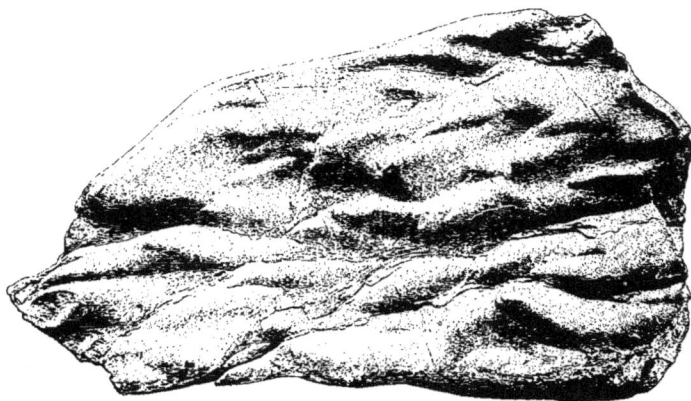

Grès siluriens de Quechisla présentant des sinuosités caractéristiques
dues aux phénomènes d'érosion.

pensé à rattacher le phénomène du soulèvement à la période
pleistocène.

Quant à l'explication des érosions survenues dans le désert

d'Atacama et qui ont eu pour effet de rouler des amas de roches éruptives et sédimentaires et de creuser d'innombrables lits de rivières complètement desséchés à l'heure actuelle, il y a tout lieu de croire que ces érosions se sont produites à une époque où le système météorologique était tout autre qu'aujourd'hui, c'est-à-dire vers la fin de la période tertiaire et surtout au début du quaternaire.

Les hauts plateaux boliviens offrent encore des exemples frappants d'érosion qui ne doivent pas être très anciens; il convient de signaler près de Huancane, au lieu dit « les Eaux chaudes » (aguas calientes), de hautes pyramides d'érosion qui n'ont leur pendant en majesté qu'aux États-Unis (Colorado).

Un cours d'eau torrentiel coulant du sud au nord a exercé, en raison de la pente du terrain, son action destructive sur des masses gréseuses en les disséquant d'une façon si étrange, que ces dernières donnent actuellement l'illusion de véritables ruines.

En bien des points des hauts plateaux, aux environs de San Vicente et à Quechisla notamment, j'ai observé à la surface de grès durs des espèces de figures sinueuses dues sans aucun doute à l'érosion.

GÎTES MÉTALLIFÈRES

DES HAUTS PLATEAUX BOLIVIENS.

Il semble bien que les dépôts métallifères aient coïncidé avec l'arrivée de roches éruptives à la surface du sol et qu'ils résultent de phénomènes thermochimiques consécutifs à ces éruptions : de sorte que les filons des hauts plateaux sont d'âges très différents. Je ne serais pas éloigné de croire, si nous admettons avec M. le Prof. Steinmann que les masses de grès rouges de Bolivie appartiennent, en partie du moins, au crétacé, que certains minerais d'argent et d'étain datent de la période crétacée ou postcrétacique.

C'est principalement au contact des roches éruptives et des roches sédimentaires que les combinaisons métalliques se sont disposées en un certain ordre progressif. Les chlorures et les iodures occupent la partie supérieure des filons, puis viennent en profondeur les arséniosulfures et les antimoniosulfures. Quant aux matériaux composant les gangues des filons, il faut mentionner la baryte, le calcaire spathique et la silice. Ce corps persiste dans les filons de grande profondeur.

D'après ce que j'ai pu observer sur les hauts plateaux, je suis en mesure de dire qu'en général les filons d'argent accompagnent des roches volcaniques (dacite de Pulacayo et de San Antonio de Lipez), et les filons d'étain, les éruptions granulitiques. A Pulacayo, j'ai rencontré les métaux actuellement exploités à l'état sulfuré : zinc sulfuré, argent sulfuré, antimoine sulfuré. Là l'argent s'est associé à un cuivre gris antimonial (*fahlerz*), où l'arsenic est aussi venu se mêler. Cet argent est parfois en masses compactes, parfois cristallisées en druses. C'est alors qu'il se présente sous la forme de tétraèdre dans la combinaison $\frac{1}{2} a^2, \frac{1}{2} a^1$.

Comme compagnons de la panabase, on trouve à Pulacayo, comme en Cornwall, de tout petits cristaux de chalcopyrite quelquefois irisés.

Le Cerro Chorolque est situé à 20° 58′ de latitude Sud et à 66° 3′ de longitude Ouest de Greenwich. Celui-ci est très important au point de vue de la distribution du minerai. Au sommet, on exploite des filons d'étain qui perdent de leur richesse en profondeur et qui finissent même par disparaître, car l'argent remplace ces mêmes filons. Des observations analogues ont été faites déjà par A. Barba, au xviie siècle, dans les environs d'Oruro[1].

Sur les flancs du Cerro Chorolque, comme près de Huanuni autour du Cerro Poscovi, on trouve de l'étain de bois ou cassi-

---

[1] L'archéologie a montré que les populations préhispaniques des hauts plateaux boliviens savaient allier l'étain au cuivre; mais les analyses de plusieurs objets métalliques n'ont pas révélé jusqu'ici de proportion bien définie dans l'amalgame.

rite roulée en morceaux pesant en moyenne 300 grammes et formés par un oxyde. Les Indiens s'occupent de temps à autre à rechercher dans ces *veneros* ou alluvions stannifères des minerais d'étain qu'ils s'approprient le plus généralement.

On compte neuf régions dans lesquelles se trouve l'étain : Cornwall en Angleterre, la Bolivie, le Mexique, Sumatra, Malacca, l'Australie, l'Allemagne et la Bretagne en France.

L'exploitation des gisements d'étain en Bolivie a pris un grand développement; c'est principalement à Machacamarca et dans tous les environs d'Oruro ainsi qu'à Santa Barbara (Cerro Chorolque) qu'on exploite l'étain avec une grande activité.

C'est surtout en bismuth, comme l'a écrit Vom Rath, que la région du Chorolque est remarquable : « La production de bismuth, dit-il, est capable de toute augmentation et ne trouve sa limite que dans la consommation. » Le Cerro Espiritu (flanc ouest de Cerro Chorolque) renferme du bismuth natif et de la bismuthine. L'or accompagne aussi ce bismuth.

La région qui s'étend de Tasna à Chorolque n'est pas la seule en Bolivie qui renferme du bismuth. Je mentionnerai, à titre d'indication, la présence du bismuth dans le département d'Oruro. Les actions électro-chimiques ont dû intervenir dans la répartition des métaux. C'est ainsi qu'à Cobrizos (Bolivie) le cuivre natif réparti en plaques dendritiques dans des masses gréseuses très corrodées est recouvert d'une légère couche d'argent qui ne laisse aucun doute sur la façon galvanoplastique dont s'est formé le dépôt. On ne pourrait mieux comparer ces cuivres argentés de Cobrizos qu'à ceux du Lac Supérieur (États-Unis d'Amérique) quant à leur mode de formation.

Les minerais aurifères des hauts plateaux n'ont pas jusqu'ici constitué d'exploitation bien spéciale[1]. Les Indiens se livrent de temps à autre à la recherche du précieux métal dans le Rio

---

[1] Il convient pourtant de citer la mine d'or de Chuquiaguyo, à 10 kilomètres de La Paz, dont le directeur est M. Steldmayer.

de La Paz [1]. L'or est généralement disséminé au milieu des cordons, de quartz laiteux qui traversent les terrains phylladiens.

La rencontre de la pyrite de fer dans les alluvions est, pour les Indiens, un indice à peu près sûr de la présence de l'or.

C'est dans les placers que l'on rencontre les grosses pépites, et, comme les alluvions aurifères résultent ici de la démolition des roches siluriennes, on peut justement inférer de là que la venue de l'or en Bolivie est, comme en Australie, contemporaine du silurien et que les eaux chlorurées superficielles doivent avoir joué un rôle important dans la précipitation de l'or à l'état natif. Il se pourrait encore que l'or à l'état de chlorure ait été précipité sous l'action de l'oxydation de la pyrite de fer, ce qui expliquerait la concomitance de l'or et de l'oxyde de fer et la coloration ferrugineuse des quartz aurifères.

---

[1] Je trouve relaté dans *Encyclopædia Britannica*, article *Bolivia*, qu'un Indien y découvrit, au XVIIe siècle, une pépite qui fut achetée 11,269 dollars, laquelle fut ensuite déposée au Cabinet d'histoire naturelle de Madrid. Il s'agit sans doute de cette pépite qu'Antonio Bulucua rencontra et dont le poids était de 47 livres 14 onces espagnoles. Elle fut envoyée en Espagne par le vice-roi, le marquis de Castel Fuerte.

CONCLUSIONS.

Pour conclure, je passerai rapidement en revue les grandes lignes de la géologie de Bolivie et des pays circonvoisins. Je ne tracerai qu'une simple esquisse, en me gardant d'entrer dans des questions de détail qui ne pourront d'ailleurs être judicieusement traitées qu'ultérieurement, c'est-à-dire à mesure que se multiplieront les explorations géologiques en Amérique du Sud. J'examinerai enfin le problème de la minéralisation à un point de vue très général. En parcourant des régions disloquées comme les Andes, on entrevoit plus nettement les rapports intimes entre les fonctions bathydriques et volcaniques, et c'est cette liaison que je n'hésiterai point à rappeler ici, car elle manifeste une des conséquences naturelles de la vitalité du globe.

Le silurien inférieur (cambrien) existe en Bolivie, à Tarija ; il est représenté fauniquement par des graptolites du même genre que ceux que l'on rencontre dans les grès de Potsdam (potsdamien).

On constate l'extension des mers siluriennes dans les Cordillères argentines de Salta et Jujuy ; en Bolivie, vers San Pablo, Chorolque, Tasna et la Grande Cordillère orientale ; au Brésil, dans le bassin des Amazones.

En Bolivie, le dévonien fait immédiatement suite au silurien ; il couvre une grande partie de toute l'Amérique (Nord et Sud). La faune dévonienne est riche en Bolivie ; les spirifères, *Spirifer Chuquisaca* Url., sont particulièrement abondantes à Tarija.

Les sédiments qui contiennent la faune dévonienne sont des calcaires et des grès très ferrifères.

Le dévonien existe à Oruro, Tiahuanaco (nord de la Bolivie) et au Para (Brésil).

D'après la faune, il me semble rationnel de synchroniser le dévonien de Bolivie avec les assises de Néhou (France) [coblentzien].

Dans l'Amérique du Sud, le dinantien ou culm se rencontre à Retamito (République Argentine), ainsi qu'à Tirasa, Amasa (îles du lac Titicaca).

Le moscovien est développé à l'île Coati, où les foraminifères du genre *fusulina* abondent. Le permien marin occupe une aire géographique assez vaste dans l'Amérique du Sud ; il se relie intimement au carboniférien dans la région du lac Titicaca. Le permien s'étend plus au sud, dans la Sierra Famatina (République Argentine) ; à la Rioja, notamment, il est représenté par une flore assez riche.

On signale également le permien au Brésil, mais avec un facies plutôt continental vers São Paolo.

Le trias n'existe en Bolivie qu'à l'état de lambeaux mal définis (Apacheta de La Paz).

Au Chili, on le rencontre au Limon Verde (environs de Chuquicamata).

Une flore rhétienne est bien développée dans la République Argentine (Challao Uspallata). La zone à *avicula* a été rencontrée par Steinmann au Chili, près de Copiapo. Le rhétien serait représenté, d'après les travaux de R. Zeiller, à la Ternera (Atacama).

Le bajocien est représenté, d'après Steinmann, dans les environs de Caracolès (Chili) par *Amm. Humphriesianus* auct. et par des rhynchonelles *Rh. lotharingica* Haas, *Rh.* cf. *concinna* d'Orb., suivant mes observations.

Le callovien est bien développé à Caracolès par *Posidonia ornati* et *Dalmasi* et par *Macr. macrocephalus*.

Au Mexique, le tithonique existe, d'après Félix et Lenck, aux environs de Puebla.

Le néocomien a été découvert au Chili, à Arqueros, par J. Domeyko, avec *Exogyra Couloni* et *Crioc. Duvali*.

La série supracrétacée (emschérien) a été entrevue avec *Tissotia* dans l'Amazonie supérieure.

L'éocène se montre à l'état remanié dans l'Argentine.

Le patagonien de F. Ameghino à *Anoplotherium Palæotherium*

peut, je crois, rentrer en partie dans l'éocène. Il convient
pourtant de s'appuyer sur des données paléontologiques très
précises pour démêler les faunes éocéniques des environs du
Parana (République Argentine) des espèces miocéniques auxquelles elles sont associées par suite de remaniements.

Doering (dans *Neues Jahrb.*, 1884, I, p. 214) rapporte à l'oligocène une assise argilo-sableuse de la Patagonie méridionale
à grandes ostréidées : *O. Patagonica*. Il est vraisemblable de supposer que les dépôts patagoniens sont remaniés.

L'oligocène moyen (stampien) est cantonné au sud de Santiago du Chili, sur les bords du Rio Rapel. On y observe les
principales espèces d'Étrechy (Seine-et-Oise).

Le miocène est constitué, suivant Doering (*loco cit.*), par des
tufs trachytiques à *Anchitherium*.

Je rapporte à la formation miocénique les calcaires lacustres
qui nivellent une portion des hauts plateaux de Bolivie (Julaca,
Cobrizos, Uyuni). Ces calcaires enrobent des ossements de
Mastodonte.

Le pliocène à *glyptodon* existe en Floride ; dans l'Amérique du
Sud, une partie des sables pampéens doit vraisemblablement
appartenir à cette assise.

Steinmann a enfin rencontré des dépôts morainiques en Bolivie. Les « cañons » de Bolivie attestent la présence de crues
pléistocènes sur les hauts plateaux.

Il est maintenant intéressant de connaître s'il existe en Amérique du Sud des traces de l'Homme à l'époque pléistocène.
En Bolivie, on n'a point rencontré jusqu'ici d'industrie paléolithique ; il faut aller avec mon ami Félix Outes dans la Patagonie pour recueillir des instruments amygdaloïdes rappelant
l'industrie de Saint-Acheul ou celle de Trenton (États-Unis).
Dans une coupe géologique du gisement quaternaire du ruis-
seau Observacion (Gouvernement de Santa-Cruz), Outes[1]

[1] F. OUTES, *La edad de la piedra en Patagonia* (in *Anales del Museo de Buenos Aires*,
série III, 1, v, 1905).

signale, sur une couche de lœss d'origine fluviale, une zone à
cailloux roulés de o m. 5o d'épaisseur où se trouvent des
instruments paléolithiques ; au-dessus, une couche d'argile
pampéenne d'une épaisseur de 2 mètres, puis un lit de cailloux
roulés qui va se confondre avec des strates pulvérulentes cail-
louteuses sur une hauteur de 2 m. 3o. A la partie la plus élevée
de la berge, on voit une station néolithique. Florentino Ameghino a rencontré, tout à fait à la base de la couche d'argile

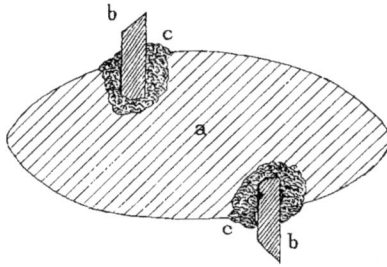

Vue en coupe d'un racloir patagonien.

La partie *a* est en bois de hêtre, *Fagus antarctica* Forst. ; les racloirs *b*, diamétralement opposés, sont
enchassés dans une cavité ménagée à cet effet ; ils sont ensuite cimentés au moyen d'une résine noire *c*,
Schinus (Duvana) dependens Ortega var. *patagonica* Ph., et que les Patagons nomment *Maki*.

pampéenne ci-dessus désignée, des fragments de quartz cacho-
longnés par hydratation. La forme d'un de ces fragments rappelle le moustérien. Il est évident que ces premières observations sont d'une importance énorme. Sans rejeter, *a priori* bien
entendu, le paléolithique sud-américain, je me tiens sur une
certaine réserve quant à l'âge exact des instruments amygdaloïdes découverts par Outes, car j'ai moi-même recueilli dans
une sépulture à l'île de la Chimba ou Tomoya, sur la côte du
Pacifique, un instrument en silex de forme franchement acheu-
léenne qui accompagnait des petites flèches triangulaires déli-
catement façonnées.

Il se peut que notre instrument amygdaloïde de la Chimba soit
une survivance de forme d'une industrie plus ancienne, mais
sa présence n'en doit pas moins permettre le doute scientifique.

Si l'on songe que l'époque néolithique persiste encore en Amérique du Sud, on peut également admettre que l'âge de la pierre est ici plus récent qu'en Europe ou qu'il a duré plus longtemps.

Les Aymaras et les Quéchuas font encore usage de molettes et de mortiers en pierre ; les Matacos se servent de flèches fixées à des bâtons ; les Patagons actuels, de racloirs emmanchés.

En somme, la question paléolithique en Amérique du Sud vaut la peine d'être examinée de très près.

Mes visites à travers les districts miniers de Bolivie m'ont naturellement conduit à considérer les formations des filons et à voir le rôle de l'eau profonde dans la transformation des roches éruptives et sédimentaires et dans la minéralisation des fossiles. L'examen des gîtes métallifères m'a démontré qu'ils dérivaient directement d'émanations souterraines. Il y a eu en Bolivie des émanations plombifères, zincifères, stannifères, etc., et celles-ci ont existé depuis les époques les plus anciennes. Le rôle de l'eau dans la minéralisation me paraît hors de doute depuis la découverte de produits minéraux récents dans les puisards de Bourbonne-les-Bains et de Plombières (France). Ce que les expériences ne peuvent que très difficilement réaliser, la nature le fait normalement dans son laboratoire souterrain. L'eau et la chaleur agissent de concert. Il ne faut pas seulement considérer ce qui s'est produit dans le passé comme terminé ; il convient encore de constater le changement continuel qui s'opère à la surface du globe. L'intérieur de la Terre remplit des fonctions qui se trahissent au dehors par l'arrivée de sources thermales. Ces dernières paraissent elles-mêmes être une conséquence des phénomènes volcaniques. L'activité de la Terre n'a pas seulement exondé, feuilleté, plissé les roches, elle les a pénétrées de minéraux filoniens qui se sont plus ou moins extravasés dans les cassures.

La question de savoir sous quelles influences les apports internes se sont opérés jusqu'à nous n'est pas sans intérêt.

Les eaux d'infiltration ont peut-être joué, dans l'économie de la croûte terrestre un rôle minéralisateur.

C'est ainsi qu'on a un exemple frappant de ce fait dans la minéralisation des eaux de l'Échaillon. Les sulfates de chaux chargent les eaux superficielles qui, par l'intermédiaire des failles, vont gagner les eaux de profondeur dont les griffons se trouvent dans les granites plissés. Par effet de refoulement, les eaux superficielles facilitent la sortie des eaux de profondeur. En Suisse, on a employé un système similaire artificiel. Le procédé consiste à capter des eaux de surface pour faire fournir par compression certains griffons.

Les sources thermales se relient aux phénomènes dynamiques motivant l'apparition de roches éruptives. En effet, c'est dans les régions disloquées que se manifestent ces relations, et rien n'est plus frappant que la naissance des filons d'argent en Bolivie (Huanchaca) avec l'arrivée des dacites.

Les sources thermales de l'Allier, notamment celles de Néris et de Bourbon-l'Archambault, d'après Daubrée, se lient intimement à l'apparition des pegmatites et des porphyres. Ces exemples sont bien faits pour montrer l'analogie des fonctions bathydriques et minéralisatrices.

Il est permis de croire que les phénomènes filoniens se produisent encore aujourd'hui, mais à des profondeurs difficilement observables. Il semble que nous soyons, dans l'histoire de la Terre, à une phase relativement calme si l'on considère les grandes dislocations qui se sont produites à travers les périodes géologiques écoulées.

Des sources chaudes sortent actuellement des galeries d'exploitation des mines de Pulacayo (Bolivie) et sont associées aux filons de cuivre gris argentifères.

La Bolivie offre actuellement encore des manifestations thermales : les geysers du Cerro Obero, les *mud springs* et les *suffioni* des environs de Cuevitas se rattachent aux volcans et aux solfatares. De nombreuses sources thermales très connues, dont la température varie entre 20 et 90 degrés Réaumur, existent en Bolivie. Dans le département de La Paz, il faut citer celles d'Urmiri et de Calachapi ; de Vizcachani (province de Sica Sica), d'Habaya (province de Larecaja), de Chuma et de Charasani (province de Muñecas) ; dans le département d'Oruro, celles de Capachos ; dans le département de Cochabamba, celles de Cayacayani et Colcha ; dans le département de Chuquisaca, celles de Tulula, Belen et Majan ; dans le département de Potosi, celles de Don Diego, Gerusalen, Tarapaya, Totora, etc. Dans le département de Santa Cruz, celles d'Opaburu, etc.

D'après Élisée Reclus, c'est dans les environs de Santa-Cruz « qu'en 1849, l'écroulement d'une montagne révéla l'existence d'un lac d'où s'échappa un ruisselet sulfureux ». Ce phénomène doit très vraisemblablement être rapporté aux émanations souterraines.

La liaison des filons métalliques avec les roches volcaniques et néovolcaniques de Bolivie ne constitue pas un fait isolé, mais au contraire général dans la formation des minéraux.

L'origine des gîtes métallifères nous apparaît donc comme une conséquence directe de l'intervention des eaux thermales. Celles-ci ont tari, en laissant des substances minérales qui constituent les richesses de la Bolivie.

La constitution des minéraux filoniens, en tant que produits d'incrustation des sources thermales, avait été pressentie par Robert Fox[1] et C. Von Beust[2] en 1837 et 1840, et elle s'est depuis confirmée.

Il faut pourtant admettre que, dans la sécrétion minérale, une phase de tranquillité a dû nécessairement se produire pour amener la concrétion définitive.

J'ai trouvé, dans mon voyage en zigzag à travers la Bolivie, des roches volcaniques étagées un peu partout. Outre des dacites, des ryolites, des microgranulites qui accompagnent les

---

[1] *Observations on mineral veins*, 1837. — [2] *Critische Beleuchtung der Werneschen Gangtheorie*, 1840.

métaux, il y a des trachytes à Huancane (environs de San Vicente) et des conglomérats trachytiques à Colcha (environs de Iulaca). En traversant la Cordillère des Andes, à la Cumbre de Uspallata, j'ai constaté, sur le versant chilien principalement, des porphyrites qui présentaient une disposition stratifiée.

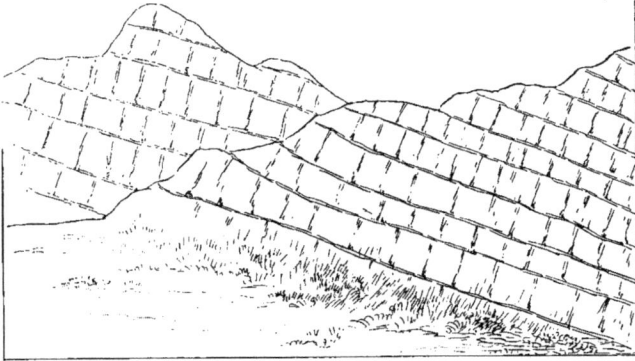

Disposition stratifiée des conglomérats porphyritiques aux environs de la Cumbre de Uspallata.

Le versant argentin, au contraire, vers Baños del Inca, est constitué par des roches sédimentaires suprajurassiques et peut-être aussi crétaciques, suivant Stelzner. On peut facilement supposer qu'avant le retrait de la mer jurassique, les roches porphyritiques (conglomérats) se sont stratifiées au fond de l'eau au moment de leur apparition dans cette partie des Andes, et qu'alors ces roches ont conservé, après leur dislocation, la régularité générale qu'elles avaient acquise antérieurement. L'opinion de C. Darwin[1] sur l'origine de ces roches en tant que produits d'éruptions sous-marines me paraît très plausible. J'admets aussi avec M. C. Burckhardt, si nous envisageons le caractère particulier de ces conglomérats porphyritiques, qu'ils ont très bien pu se constituer à proximité d'une zone côtière. En effet, dans les éléments rocheux qui composent les cordons

[1] DARWIN, *Geological Observations*.

littoraux, on constate une sorte de triage des matériaux ; les plus gros éléments s'observent d'abord, puis les roches deviennent de plus en plus sableuses à mesure qu'elles pénètrent davantage dans la mer. Or, que constatons-nous ici, aux environs de la Cumbre ? — Des conglomérats porphyritiques avec des éléments de diverses grosseurs. Le triage a donc bien pu se faire au fur et à mesure des éruptions itératives, et cette nature côtière est encore confirmée par les couches charbonneuses et les troncs d'arbre que Domeyko y a trouvés[1].

Quant aux phénomènes de métamorphisme de contact, ils sont nombreux. Faut-il citer, dans la province d'Atacama, aux environs de Cobija, des calcaires métamorphisés par les porphyres du voisinage (David Forbes) et, au Morro d'Arica, des fragments de *productus* enrobés dans des porphyres (Alc. d'Orbigny)? En bien des points du district minier chilien, certaines brèches ne paraissent pas avoir d'autre origine que la pénétration des roches d'injection dans les calcaires sédimentaires.

J'aurais désiré approfondir davantage le problème du métamorphisme de contact et multiplier des exemples topiques, mais il m'a fallu restreindre le champ de mes investigations. Du 11 mai à la fin d'août 1903, j'ai traversé le désert d'Atacama par Portezuelo, Caracolès, Sierra Gorda, Limon Verde, Chuquicamata; puis la Bolivie, par Colcha, Cobrizos, Uyuni, Huanchaca, San Vicente, San Pablo, San Antonio de Lipez, Huancane, Chorolque, Tasna, Totora, Poopo, Oruro et La Paz. De septembre à la fin de décembre de la même année, à l'exception de quelques excursions à travers les contreforts de la Cordillère orientale, Liman Pata, Coro Coro, Huaqui, je me suis consacré exclusivement à la direction de fouilles archéologiques à Tiahuanaco.

J'avais caressé l'idée de descendre les rapides du Pilcomayo jusqu'à Asuncion et d'emprunter le Parana pour gagner le

---

[1] DOMEYKO, *Ensayo sobre los depositos metaliferos de Chile.* Santiago, 1876, p. 31.

versant Atlantique, afin d'étudier le pampéen ; mais, outre qu'on m'avait détourné de ce projet, les circonstances elles-mêmes s'y sont opposées. J'ai retraversé la Cordillère des Andes au même point où je l'avais franchie la première fois, c'est-à-dire à la Cumbre, pour me retrouver ensuite au milieu de grès rouges pétrolifères de Mendoza. L'itinéraire que je venais d'accomplir me suggérait une foule de problèmes, et je regrettais de n'avoir pas assez vu.

Il ne me reste plus, en terminant, qu'à m'acquitter d'une dette de reconnaissance que j'ai contractée envers des hommes de toutes nations, qui ont contribué, par leur aide, par leur amitié, à me faciliter l'étude des régions de l'Amérique du Sud que j'ai rapidement traversées. A tous ceux-là j'adresse ici mon plus cordial souvenir.

APPENDICE GÉOLOGIQUE.

OBSERVATIONS RELATIVES À L'ÉTUDE GÉOLOGIQUE
DES CONTRÉES DU SUD-AMÉRIQUE.

Dans une expédition en Sud-Amérique, on est admirablement placé pour étudier la constitution des chaînes de montagne, leurs dislocations itératives, leurs érosions continuelles ; les formations des vallées, les tremblements de terre, les phénomènes volcaniques, bref, toutes les fonctions telluriques qui résument l'économie générale du globe en conséquence de sa vitalité.

La pression atmosphérique ne doit pas laisser le géologue naturaliste indifférent, car elle exerce une action directe sur tous les êtres vivants. En Amérique, les conditions de vie changent avec l'altitude : les flores et les faunes des régions élevées ne sont pas les mêmes que celles des régions basses.

Dans les Andes, les roches ont une vivacité de tons étonnante en raison de l'intensité de la lumière du jour. Des grès rouges pourront paraître plus foncés dans les vallées que sur les plateaux. Le soleil semble exercer une action chimique sur certaines roches (phénomènes d'oxydation sur des quartz exposés à la surface du sol). Les actions physiques et chimiques du soleil peuvent être d'un grand intérêt à étudier. Le rôle du géologue voyageur est de recueillir des fossiles et des roches. Pour échantillonner des roches, il faut bien observer si celles-ci se trouvent en place, *in situ;* si elles ont été charriées, si elles ont été renversées par des pressions mécaniques. Des échantillons sans indications sur la façon dont ils ont été récoltés ne valent pas la peine d'être examinés; on ne peut en tirer aucun parti scientifique.

Le fait de remarquer que telle roche est un calcaire, un granite, un schiste, un grès, peut être important au point de vue minéralogique, mais le géoleogue doit s'efforcer avant tout de rencontrer des fossiles pour arriver à dater l'âge des calcaires, des schistes, des grès.

Une roche pourra être pétrographiquement la même sur une aire très vaste et faire partie de terrains d'âges très différents. Des grès rouges pourront en effet appartenir soit au dévonien, soit au permien, soit au trias, soit au crétacé. La faune et la flore doivent donc être recherchées avec le plus grand soin dans ces grès.

Pour faire des observations de poids, il faut avoir beaucoup observé.

La mémoire des yeux est, chez un naturaliste, sa suprême qualité. Il n'y a guère de science cependant qui demande moins de préparatifs que la géologie en contrée lointaine. Une bonne carte, un carnet, des crayons, une boussole, un marteau, un sac, du papier d'emballage, une loupe, un chalumeau, un baromètre pour mesurer la hauteur des montagnes, voilà sommairement le strict nécessaire du géologue. En Amérique du Sud, il faut en outre une tente démontable, des couvertures, des conserves, une carabine pour parer aux besoins de première nécessité. Les chevaux et les mules servent à transporter voyageurs et bagages à travers des points presque inhabités. C'est alors une bonne fortune pour étudier ce qui est peu connu.

De grands problèmes attendent du géologue une explication. Tels sédiments peuvent-ils être synchronisés fauniquement avec tels terrains de l'Amérique du Nord, de l'Afrique, de l'Europe? Telle série de terrains a-t-elle des solutions de continuité? Tels dépôts ont-ils existé avant l'érosion? Tels sédiments ont-ils été traversés par des roches d'injection? etc. Ces larges vues sur l'histoire du globe s'offrent à tout voyageur qui veut s'appliquer à observer, à interpréter, à comprendre.

Une personne désirant étudier la géologie doit d'abord se familiariser avec les roches. Il est important de recueillir des roches fraîches, c'est-à-dire non altérées, de façon à pouvoir en faire l'étude en coupes minces.

Pour saisir l'altération d'une roche en raison des métamorphismes qu'elle a subis, il faut la casser dans différents endroits. Les livres que l'on pourra consulter avec fruit en voyage sont : le Guide du géologue voyageur, par Ami Boué; Comment observer, par Sir Harry de La Bèche; ou encore le livre beaucoup plus récent publié par Filhol en 1894 [1]. On ne saurait trop aussi s'inspirer des rapports et des dessins du Dr F. V. Hayden, géologue des territoires Ouest des États-Unis.

Il convient de prendre certaines précautions dans la manière de récolter les échantillons. Chaque échantillon doit être étiqueté deux fois. C'est long, mais c'est plus sûr. La première étiquette doit être placée entre l'échantillon et le papier qui doit servir à l'envelopper. Le papier extérieur portera aussi, mais d'une façon moins détaillée, l'explication et la provenance de l'échantillon ; de cette façon, on n'aura pas à déballer plusieurs fois ses échantillons pour se rendre compte de ce que l'on possède. Les boîtes en fer pourront être employées pour les échantillons déliquescents, et les petites boîtes en carton avec de l'ouate seront très utiles pour ranger des échantillons délicats. Le papier

[1] Conseils aux voyageurs naturalistes, par H. Filhol. (Extrait des Nouvelles archives des Missions scientifiques, t. VI.) Paris, Imprimerie nationale, 1894.)

jaune dit *de Norvège* est très commode et très profitable; il est soyeux et solide tout à la fois. Le papier gris de Valence, qui sert à emballer les oranges, est excellent, car, étant fibreux et résistant, il peut être utilisé au besoin pour obtenir des surmoulés de sculpture. On pourra aussi se servir de petits sacs en toile pour placer les échantillons une fois que ceux-ci auront été bien emballés.

Pour faire de bonnes observations géologiques, pour se rendre compte en un mot de la nature des roches, il n'est nullement besoin de creuser des trous dans la terre. Des personnes peu familiarisées avec la géologie peuvent s'étonner de ne pas voir emporter des instruments, pelles ou pioches, pour fouiller le sol ; mais l'investigation géologique ne se pratique pas ainsi. La croûte terrestre est suffisamment bosselée pour qu'il soit possible d'étudier à la surface du sol les roches dans leur ordre de superposition, dans leurs plongements ou dans leurs redressements. Cela n'empêche nullement, bien entendu, de mettre à profit les galeries des mines, les carrières, les puits, etc. Les berges des rivières pourront aussi donner d'excellentes coupes.

En pays lointain, il faut prendre de copieuses notes, tenir bien au courant son journal de voyage, récolter beaucoup d'échantillons, même ceux qui paraissent peu intéressants, car ceux-ci peuvent acquérir après coup une réelle valeur.

La photographie en voyage peut rendre de signalés service au géologue, surtout si celui-ci est obligé de s'arrêter peu de temps dans chaque endroit qu'il visite. Les foliations, les failles et les inclinaisons des roches apparaissent très bien sur de bonnes photographies ; aussi, quelles que soient les difficultés d'emporter en voyage des appareils photographiques en raison du poids et de la fragilité des plaques, le géologue se trouvera largement récompensé lorsque, à son retour, il pourra expliquer ses photographies au moyen des notes qu'il aura prises sur le terrain.

Le géologue devra prendre le plus de notes qu'il lui sera possible, sinon pour les publier toutes, du moins pour lui servir de guide dans l'élaboration de son texte.

Dans le Sud-Amérique, le géologue devra porter son attention sur les dislocations du terrain pour essayer de comprendre à quel moment elles ont eu lieu. Les fossiles permettront de connaître l'âge des sédiments disloqués.

La plus sûre méthode pour bien observer est de s'habituer à chercher une explication de tous les phénomènes géologiques que l'on rencontre. Le voyageur doit faire à chaque instant intervenir ses propres connaissances, ce qu'il aura vu ou lu, pour se faire une opinion. Cette opinion sera d'autant plus nette que le géologue sera plus apte à observer, et ainsi des problèmes considérés comme insolubles pourront être résolus sur le terrain.

Les restes fossiles sont importants à recueillir dans les différentes strates pour pouvoir établir leur contemporanéité avec les dépôts les plus éloignés du globe.

Comme les faunes marines présentent pendant chaque ère géologique une assez grande similitude, on pourra justement apprécier les services que rend la géologie stratigraphique[1]. Beaucoup de fossiles mal récoltés seront plus nuisibles à la science que quelques fossiles recueillis dans de bonnes conditions, avec le nom exact des localités et des indications précises sur leur position dans la roche.

Si le voyageur n'est pas un naturaliste accompli, il pourra dessiner avec fruit le schéma des strates, indiquer très scrupuleusement les coins où il aura rencontré des fossiles. Des années de pratique sur le terrain apprendront plus de géologie que la lecture de livres trop gros et quelquefois difficiles à assimiler.

Il ne faut pas s'étonner de trouver en Amérique du Sud des formations de plusieurs centaines de mètres d'épaisseur sur une superficie énorme. Il est important de rechercher dans ces formations des ossements, des coquilles, des impressions de feuille, des bois à l'état ligniteux ou silicifié. L'étude géologique bien comprise d'un point ouvrira des vues générales sur une région tout entière.

Le géologue doit connaître quelques rudiments de zoologie et aussi un peu de conchyliologie; pour cela, une bonne collection de coquilles actuelles lui est d'une grande utilité.

Une découverte est inutile si elle est faite sans observations, sans notes. Les fouilles doivent relever de la stratigraphie, de cette science qui consiste à distinguer les couches suivant leur ordre de superposition. La stratigraphie d'une région est parfois mouvementée, mais l'œil exercé d'un géologue reconnaît bien vite l'inclinaison et la courbure des roches.

Des cailloutis recouverts par des coulées de lave sont des points excellents à connaître pour déterminer l'âge approximatif de l'épanchement lavique.

Les roches foliées, telles que les ardoises, valent d'être examinées avec soin, car ces roches ne semblent pas seulement avoir subi des compressions mécaniques. Leur minéralisation indique des phénomènes thermiques consécutifs aux phénomènes dynamiques (théorie de Hutton).

[1] G. COURTY, *Principes de géologie stratigraphique*, 1907. (Librairie scientifique A. Hermann, 6, rue de la Sorbonne, Paris.)

Dans les Cordillères des Andes, le géologue est particulièrement intéressé par des phénomènes de métamorphisme de contact, par des roches d'injection qui reproduisent les circonstances des laccolites. En Amérique méridionale, notamment, il y a des roches qui se sont fait jour à travers des terrains primaires, secondaires ou tertiaires, et ces manifestations éruptives trahissent les fonctions vitales de l'organisme terrestre.

Les dépôts stampiens marins des environs de Santiago du Chili, en même temps qu'ils peuvent fournir au géologue de bons matériaux, élargiront les idées géographiques actuelles sur le tertiaire sud-américain.

Les grottes se rencontrant dans des calcaires peuvent donner des restes fossiles importants. Il suffit souvent de briser la couche stalagmitique pour obtenir des ossements. Les parois des grottes devront être examinées avec soin au point de vue des dessins et des peintures qui peuvent avoir été tracés à une époque très reculée par les premiers occupants des cavernes.

La recherche des dépôts houillers est digne d'intérêt à tous égards. Partout où il y a des affleurements de houille, il convient de considérer nettement la direction de couches aussi précieuses.

Les veines métallifères devront être recherchées dans le voisinage des amas métalliques roulés par les eaux de surface. En Amérique méridionale, par exemple, l'or accompagne les filons de quartz qui coupent les dépôts siluriens; l'étain, les roches granulitiques; l'argent, les dacites; le cuivre, les grès rouges permiens.

Comme c'est à la lumière du présent que le géologue s'éclairera sur le passé, il profitera de son passage dans des glaciers pour élucider comment des roches s'arrondissent, se polissent, comment aussi des blocs de pierres sont charriés par des glaces.

L'érosion des roches par retrait sous des influences alternatives de chaud et de froid ne manqueront pas d'intéresser le géologue, ainsi que la destruction des roches sous les actions corrosives de la pluie et du vent.

Les phénomènes volcaniques retiendront l'attention du géologue en raison de la nature des matériaux rejetés. Le volcanisme, étant un phénomène d'origine profonde, contribue à modifier la surface externe du globe. Le géologue sera habile à déceler tous ces changements, s'il recherche les causes des phénomènes qui se produisent sous ses yeux. Cette recherche des causes est la seule investigation qui soit fructueuse, car, comme l'a dit Bacon, vraiment connaître, c'est connaître par les causes. « *Vere scire est per causas scire.* »

MÉTÉOROLOGIE

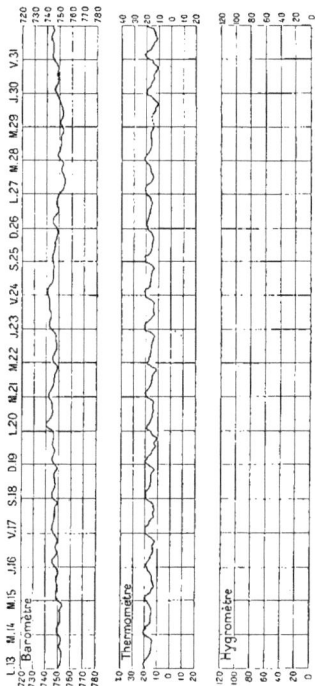

ANTOFAGASTA (*Chili*) *Juillet 1903*

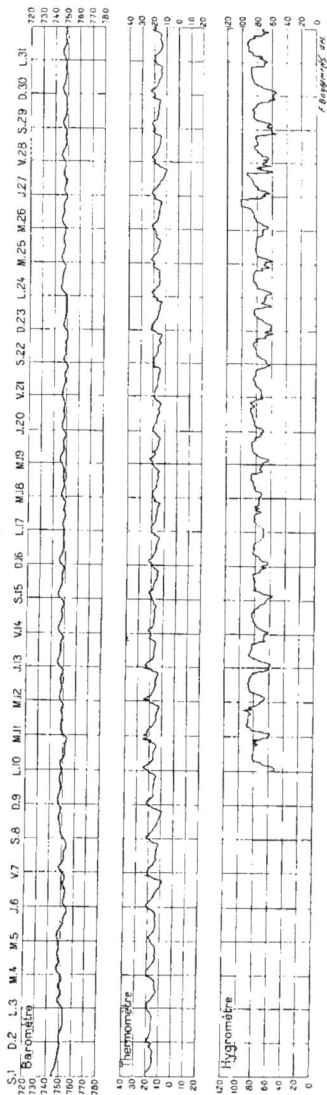

Août 1903

Septembre 1903

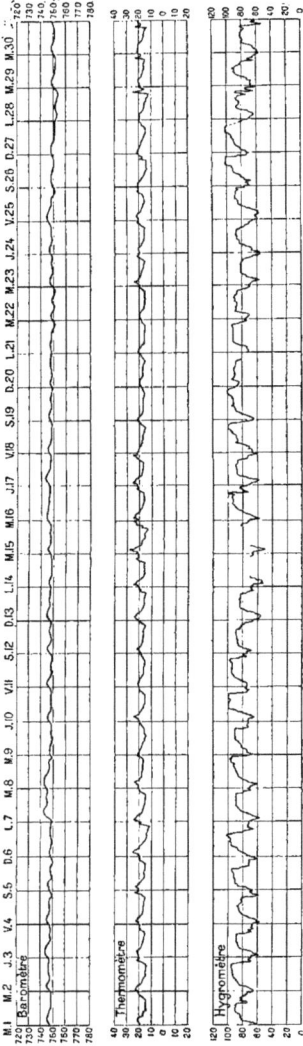

Octobre 1903

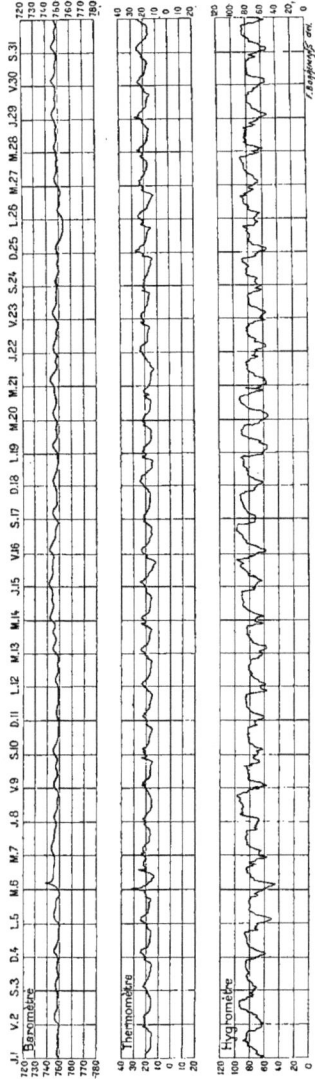

Novembre 1903

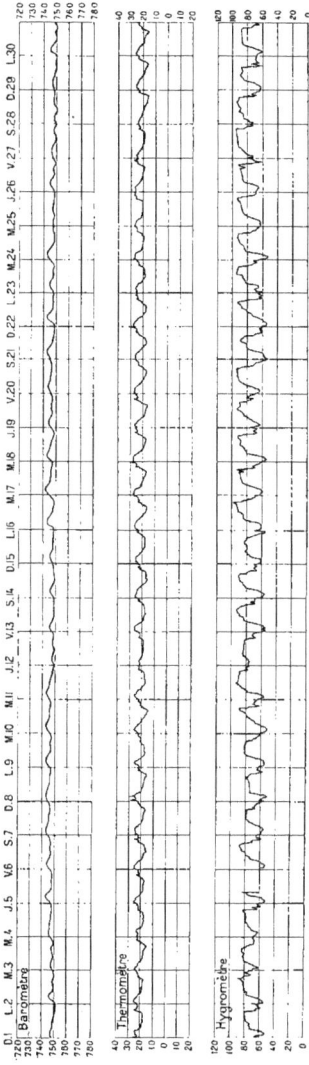

Décembre 1903

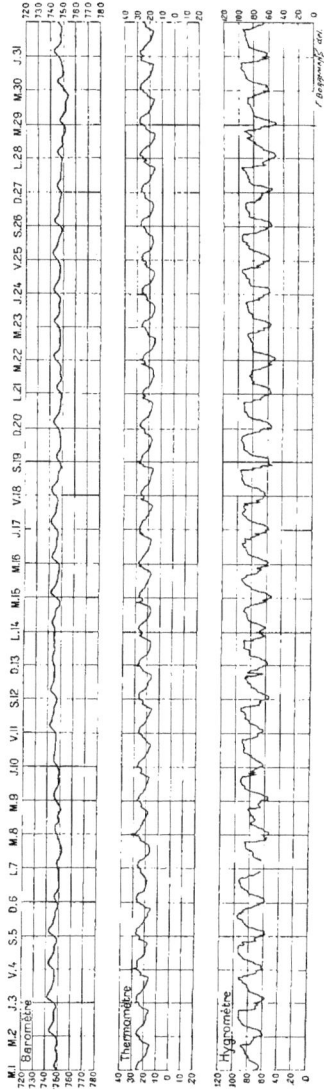

Janvier 1904

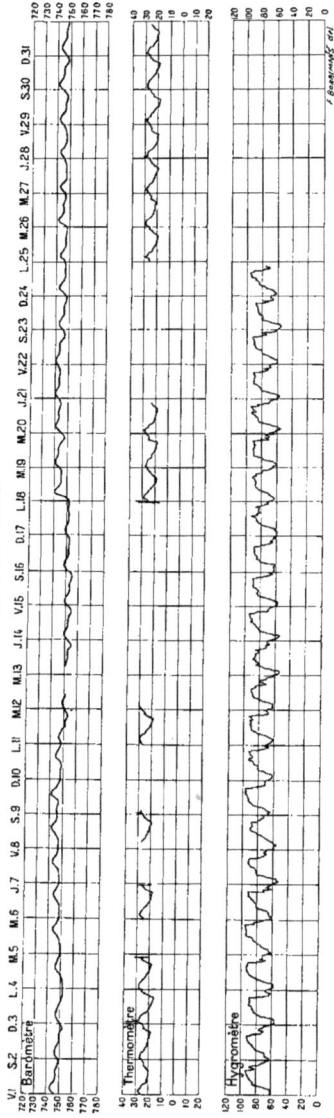

PULACAYO (Bolivie) Juin 1903

Juillet 1903

Août 1903

Septembre 1903

Octobre 1903

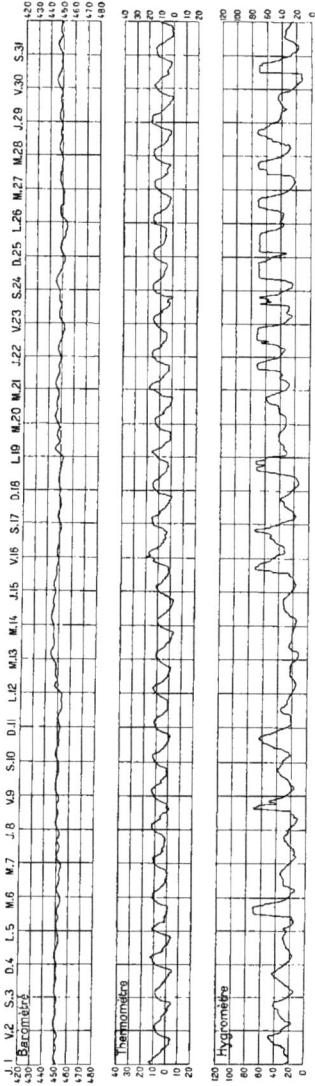

Novembre 1903

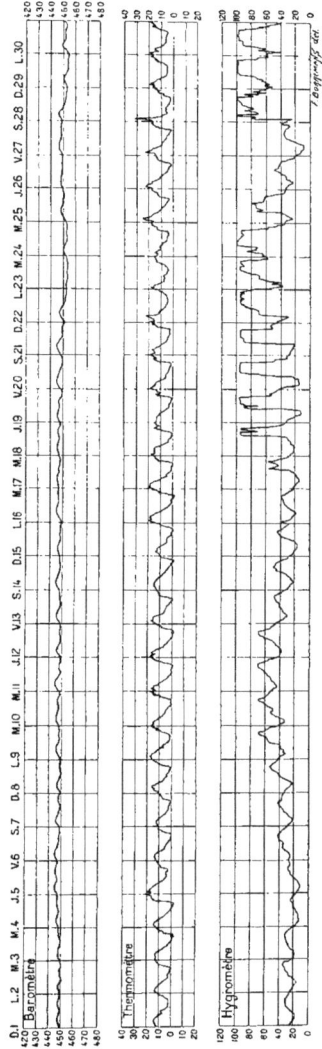

Décembre 1903

Janvier 1904

Février 1904

Mars 1904

CALAMA (CHILI).

DATES. (1903-1904.)	BAROMÈTRE.		THERMOMÈTRE.		HYGROMÈTRE.	
	MAXIMUM.	MINIMUM.	MAXIMUM.	MINIMUM.	MAXIMUM.	MINIMUM.
Du 6 au 13 juillet..........	569	562	22° 5	+ 5°	51	33
Du 13 au 20 juillet..........	–	–	–	–	–	–
Du 20 au 27 juillet..........	570	566	–	–	64	37
Du 27 juillet au 2 août.......	575	568	25	+ 6 5	–	–
Du 2 au 9 août..........	–	–	–	–	–	–
Du 9 au 16 août...........	573	567	26	+ 5	–	–
Du 16 au 23 août...........	575	570	27 5	+ 7 5	48	35 5
Du 23 au 30 août...........	585	577	23	+ 5	48	34
Du 30 août au 6 septembre....	580	573	21 5	+ 6	79	35
Du 6 au 13 septembre.......	576	571	28	+ 10 5	51 5	34 5
Du 13 au 20 septembre.......	579	574	27	+ 10 5	51	32
Du 20 au 27 septembre.......	579	572	25	+ 10	64 5	30
Du 27 septembre au 4 octobre..	582	578	26	+ 9	56	33
Du 4 au 11 octobre........	578	572	28	+ 10	54	31
Du 11 au 18 octobre........	576	570	26	+ 10	60	32
Du 18 au 25 octobre........	579	572	27 5	+ 12	55	29
Du 25 octobre au 1er novembre.	–	–	–	–	–	–
Du 1er au 8 novembre........	–	–	–	–	–	–
Du 8 au 15 novembre.......	580	573	27	+ 12	54	37
Du 15 au 22 novembre........	575	571	25	+ 6	57	38
Du 22 au 29 novembre........	577	571	11 5	+ 7 5	63	38
Du 29 novembre au 6 décembre.	578	572	21	+ 5	69	39
Du 6 au 13 décembre.......	580	575	23	+ 7	63	35 5
Du 13 au 20 décembre.......	577	571	20	+ 7	71	40
Du 20 au 27 décembre.......	581	572	21	+ 8 5	67 5	47 5
Du 27 décembre au 3 janvier...	578	572	24	+ 7 5	70	44
Du 3 au 10 janvier..........	578	573	22	+ 9	95	50
Du 10 au 17 janvier..........	577	572	30	+ 8 5	80	38

PULACAYO (BOLIVIE).

DATES. (1904-1905.)	BAROMÈTRE.		THERMOMÈTRE.		HYGROMÈTRE.	
	MAXIMUM.	MINIMUM.	MAXIMUM.	MINIMUM.	MAXIMUM.	MINIMUM.
Du 20 au 27 juin..........	445	439	+ 8° 5	− 4° 5	88	19
Du 27 juin au 4 juillet.......	450	445	16	5 5	68	13
Du 4 au 11 juillet	458	439	5	− 6	63	6
Du 11 au 18 juillet	450	440	8	− 5	64	21
Du 18 au 25 juillet	445	440	8	− 9	83	12
Du 25 juillet au 1er août	450	442	9	− 10	62	6 5
Du 1er au 8 août............	455	451	9	− 5	41 5	14
Du 8 au 15 août...........	450	445	10	− 3 5	78	17 5
Du 15 au 22 août...........	449	445	14 5	− 1 5	25	11
Du 22 au 29 août...........	448	440	14	0	97	28
Du 29 août au 5 septembre...	450	445	9	− 7 5	70	13 5
Du 5 au 12 septembre	449	444	12 5	− 2	68	15 5
Du 12 au 19 septembre......	445	440	13	− 2 5	48	16
Du 19 au 26 septembre	449	442	18	− 1 5	80	16
Du 26 septembre au 3 octobre.	447	440	17	− 5	61	21
Du 3 au 10 octobre.........	450	445	16	0 5	32 5	7 5
Du 10 au 17 octobre........	445	440	16	− 4	30	9 5
Du 17 au 24 octobre	446	440	15 5	− 3	99	22
Du 24 au 31 octobre........	449	444	19 5	− 2 5	96	11 5
Du 31 octobre au 7 novembre.	450	441	14 5	− 3	40	11
Du 7 au 14 novembre	449	442	15	− 3	59	9 5
Du 14 au 21 novembre	450	445	19	0	87	12
Du 21 au 28 novembre	450	445	18 5	+ 2	97	19
Du 28 novembre au 5 décemb.	450	445	18 5	0	78	16
Du 5 au 12 décembre.......	454	449	17	+ 1	89 5	11
Du 12 au 19 décembre.......	452	448	21	+ 3 5	98	12
Du 19 au 26 décembre.......	455	450	20	+ 4	96	16
Du 26 décemb. au 2 janv. 1905.	455	445	20	+ 1	90	9
Du 2 au 9 janvier..........	450	442	21	− 1	95	27
Du 9 au 16 janvier.........	450	444	18	− 1	95	8
Du 16 au 23 janvier.........	452	448	20	+ 1 5	96	19 5
Du 23 au 30 janvier........	457	450	19	+ 1	81	10
Du 30 janvier au 6 février....	454	449	20	+ 1 5	91	11
Du 6 au 13 février.........	456	450	19	+ 1	95 5	8
Du 13 au 20 février.........	460	450	18 5	+ 1	97	9 5
Du 20 au 27 février.........	458	452	18	+ 1	96 5	22
Du 27 février au 6 mars......	464	452	16	+ 1	97	12
Du 6 au 13 mars	457	450	16	+ 1	90	11

DATES. (1905.)	BAROMÈTRE.		THERMOMÈTRE.		HYGROMÈTRE.	
	MAXIMUM.	MINIMUM.	MAXIMUM.	MINIMUM.	MAXIMUM.	MINIMUM.
Du 13 au 20 mars 1905.....	455	450	19°	0°	97	11
Du 20 au 27 mars.........	459	453	17 5	— 0 5	96 5	28 5
Du 27 mars au 3 avril.......	454	450	14 5	0	90 5	11
Du 3 au 10 avril.........	452	448	14 5	0	96	15
Du 10 au 17 avril.........	449	445	13	0	58 5	24 5
Du 17 au 24 avril.........	449	445	11	— 4 5	57	17
Du 24 avril au 1er mai......	449	441	9	— 5	60 5	14
Du 1er au 8 mai...........	451	445	13	— 2	90	36
Du 8 au 15 mai...........	451	445	11	— 2	99	22
Du 15 au 22 mai...........	459	453	10	— 2	63	20
Du 22 au 29 mai...........	449	444	9	— 6	38	16 5
Du 29 mai au 5 juin.......	457	452	9	— 5	81	22 5
Du 5 au 12 juin..........	449	445	9	— 5 5	78	23
Du 12 au 19 juin..........	450	445	11	— 7	72	21 5
Du 19 au 26 juin..........	450	448	13	— 2 5	45	27 5
Du 26 juin au 3 juillet......	450	445	10	— 4	47	26
Du 3 au 10 juillet........	449	444	5 5	— 6 5	83	20 0
Du 10 au 17 juillet........	459	450	7	— 5	84	24 5
Du 17 au 24 juillet........	455	450	10	— 5 5	102 5	32 5
Du 24 au 31 juillet........	450	447	6	— 5 5	57 5	22
Du 31 juillet au 7 août......	453	449	9 5	— 6	75	17
Du 7 au 14 août...........	450	447	9	— 5 5	62	25
Du 14 au 21 août..........	450	446	9	— 5	55 5	9 5
Du 21 au 28 août..........	449	444	12	— 5	86	19 5
Du 28 août au 4 septembre...	454	450	12	— 1 5	102	18 5
Du 4 au 11 septembre......	450	446	13	— 5	54	12
Du 11 au 18 septembre......	449	444	12 5	— 6 5	59	18 5
Du 18 au 25 septembre......	451	448	14 5	— 4	82	10
Du 25 septembre au 2 octobre.	448	444	14	— 3	86	18
Du 2 au 9 octobre........	450	444	14	— 3 5	98 5	10
Du 9 au 16 octobre........	455	447	16	— 3	100	9
Du 16 au 23 octobre........	450	442	18	— 2	97 5	16
Du 23 au 30 octobre........	449	442	17	+ 1 5	98	21 5
Du 30 octobre au 6 novembre.	448	442	21	0	83	13 5
Du 6 au 13 novembre......	449	444	19	— 3	98	15 5
Du 13 au 20 novembre......	451	446	17 5	— 3 5	98	11
Du 20 au 27 novembre......	452	448	18 5	— 2	97	6
Du 27 novembre au 4 décemb.	450	447	18 5	— 2 5	74 5	8
Du 4 au 11 décembre.......	449	442	20	0	98	7 5
Du 11 au 18 décembre.......	449	442	19 5	+ 2 5	86	8

LISTE DES ESPÈCES MINÉRALES
RENCONTRÉES PAR G. COURTY
AU COURS DE SES EXPLORATIONS DANS L'AMÉRIQUE DU SUD
(CHILI ET BOLIVIE).

—————

SULFATES, CHROMATES, MOLYBDATES ET TUNGSTATES.

Thénardite . . . . {	Pampa Central (Chili).
	Pampa Blanca (Chili).
Tarapacaïte.	Pampa Central (Chili).
Barytine	Gangue habituelle des filons. — Caracolès (Chili).
Wolfram. . . . . {	Tasna (Bolivie).
	Oruro (Bolivie).

SULFATE BASIQUE.

Alunite. . . . .   Ollague.

SILICATE D'ALUMINE HYDRATÉ.

Kaolin. . . . .   Pulacayo.

VANADIUM.

Vanadine. . . . .   Coro Coro (Bolivie).

MANGANÈSE.

Fer oxydé manganésifère. . . . . . {	San Vincente (Bolivie).
	Tasna (Bolivie).
Pirolusite.	Environs d'Ollague.

FER.

Fer météorique (avec de la dunite). . . . . {	Imilac (Désert d'Atacama).
Vivianite (en cristaux)	Tasna.
Pyrite de fer décomposée	Chorolque, Tasna.
Mispickel.	Tasna, Oruro.
Fer carbonaté	Pulacayo.
Fer titané	En petits grains dans presque toutes les roches granitoïdes du Chili.

COBALT.

Cobalt noir . . . .   Caracolès.

NICKEL.

Nickel gris . . . .   Caracolès (Chili).

CUIVRE.

Cuivre natif . . . .   ⎰ Cobrizos (Bolivie).
Arséniate de cuivre . . . .   ⎱ Coro Coro (Bolivie).
Cuivre natif . . . .   Tasna (Bolivie).
Cuivre rouge . . . .   Chuquicamata (Chili).
Atacamite . . . .   Chuquicamata (Chili).
Cuprite . . . .   Chuquicamata (Chili).
Malachite . . . .   Chuquicamata, dans les conglomérats de
                                                          Huancane (Bolivie).
Azurite . . . .   Chuquicamata (Chili).
Dioptase . . . .   Caracolès (Chili).
Brochantite . . . .   Coro Coro (Bolivie).
Tétraédrite . . . .   Pulacayo (Bolivie).

ANTIMOINE.

Sulfure d'antimoine et de fer . . .   Oruro (Bolivie).
Sulfure d'antimoine et de plomb.   Oruro (Bolivie).
Antimoine gris . . . .   Coro Coro (Bolivie).

ARSENIC.

Orpiment . . . .   Caracolès (Chili).
Arsénopyrite . . . .   Tasna (Bolivie).

ÉTAIN.

Cassitérite . . . .   ⎰ Tasna (Bolivie).
⎜ Chorolque (Bolivie).
⎜ Huanuni (Bolivie).
⎜ Machacamarca (environs d'Oruro).
⎜ Quimza Cruz ou Tres Cruces en espagnol,
⎱   6 kilomètres S. O. de Sica-Sica (Bolivie).

ZINC.

Blende . . . .   Pulacayo (Bolivie).

BISMUTH.

Bismuth natif...............	Quechisla (Bolivie).
	Cerro Espiritu (Chorolque) [Bolivie].
	Coriviri, affluent du lac Poopo (Bolivie).
Tasnite..................	Tasna (Bolivie).
Bismuthine..............	Tasna et Cerro Espiritu (Chorolque).

MERCURE.

Cinabre amorphe...........	Copiapo (Chili).

PLOMB.

Cotunnite...............	Sierra Gorda (Chili).
Massicot................	Caracolès (Chili).
Schwartzembergite.........	Caracolès (Chili).
Galène.................	Caracolès.
	Pulacayo.
	San Antonio de Lipez.
	San Vicente.
Carbonate de plomb........	Sierra Gorda (Chili).

ARGENT.

Argent natif..............	San Antonio de Lipez (Bolivie).
	Cobrizos (Bolivie).
	Coro Coro (Bolivie).
Pyrargyrite connu dans le pays sous le nom vulgaire de *rosicler*.	Pulacayo (Bolivie).
Proustite................	Colquechaca (Bolivie).
	Pulacayo (Bolivie).
Panabase................	Pulacayo (Bolivie).
Bromargyrite.............	Sierra Gorda (Chili).
Iodargyrite..............	Caracolès (Chili).
	Mina California.
Cérargyrite..............	San Antonio de Lipez (Bolivie).

OR.

Or.....................	Natif dans les alluvions du Rio de La Paz (Bolivie).
	Chiquiagullo (Bolivie).
	Environs de San Vincente (Bolivie).
	Tasna (Bolivie).

BIBLIOGRAPHIE GÉOLOGIQUE.

I. — ORDRE CHRONOLOGIQUE.

1609. Comentarios reales de los Incas. GARCILASO DE LA VEGA. — Lisboa.

1637. Arte de los Metales. Alvaro Alonso BARBA. — Potosi, 15 de Marzo.

1813. Versuch über den politischen Zustand des Königreichs Neu-Spanien.
A. DE HUMBOLDT. — Tübingen.

1835 et 1849. Memoir on the Andes and on the Great Plateau. J. B. PENT-
LAND (Journal of the Royal Geogr. Society. — London).

1837. Journal of Researches. Ch. DARWIN (Proc. Geol. Soc., p. 448).

1839. Pétrifications recueillies en Amérique. A. DE HUMBOLDT et C. DE-
GENHARDT. — Berlin.

1840. Researches in Geology and Natural History in South America. Ch.
DARWIN. — London.

1842. Voyage dans l'Amérique méridionale, exécuté pendant les années
1826, 1827, 1828, 1829, 1830, 1831, 1832 et 1833. Alcide-
D. D'ORBIGNY (t. III, part. géol.).

1843. Note sur la constitution géologique des environs de Valparaiso et sur
les soulèvements du sol de la côte du Chili. E. CHEVALIER (extr. du
Voyage autour du Monde de la « Bonite », chap. III, part. géol.,
B. S. G. F., XIV).

1846. Geological Observations on South America, by Ch. DARWIN. —
London.

1849. U. S. Exploring Expedition : Geology. DANA.

1851. Bosquejo estadistico de Bolivia, por J. M. DALENCE. — Chuquisaca.

1852. Voyage dans l'Amérique du Sud, de Rio-Janeiro à Lima et de Lima
au Para. Francis DE CASTELNAU. — (4ᵉ part. Itinéraire et coupes
géologiques, 76 pl. color.)

1852. Notice géologique sur les départements de Huancavelica et d'Ayacucho. L. CROSNIER (Ann. des Mines, t. II).

1853. Voyage dans le nord de la Bolivie et dans les parties voisines du Pérou.
H.-A. WEDDELL.

1855. The U. S. Naval Astronomical Expedition to Southern Hemisphere during the years 1849, 1850, 1851, 1852. Chile, vol. I, by Lieut. J. M. Gillis super. — Washington.

1856. Recherches sur les systèmes de soulèvement de l'Amérique du Sud. A. Pissis. (Ann. des Mines, 5ᵉ série, t. IX.)

1858. Monografia de los terrenos marinos terciarios de las cercanias del Parana. A. Bravard (El Nacional Argentino, 1858, reimpreso por G. Burmeister, Anales del Museo publ. de Buenos-Ayres, t. III, 1885).

1858. Descripcion topografica i geologica de la Provincia de Aconcagua. A. Pissis (Anal. Univ. Chile, p. 46-89).

1858. Note sur les exploitations aurifères de la vallée de Tipuani (Bolivia). Comynet (Ann. des Mines).

1858. Die Silberminen von Potosi und einige allgemeine Bermerkungen über bolivianische. E. O. Rück (Berg- und Hüttenm. Ztg., XVII).

1860. Viaje al Desierto de Atacama. R. A. Philippi. — Halle en Sajonia.

1861. On the geology of Bolivia and Southern Peru. David Forbes (Phil. Magaz., XXI, p. 154).

1861. On the geology of Bolivia and Southern Peru. David Forbes (Quart. Journ. Geol. Soc. — London, XVII, p. 7-62).

1861. On the Fossils from the High Andes (Bolivia) collected by David Forbes. J. W. Salter. [Quart. Journ. Geol. Soc., vol. XVII, p. 62-73, pl. 4 and 5 (Palæozoic Fossils)].

1864. Mémoire concernant les grandes masses d'aérolithes trouvées dans le Désert d'Atacama. I. Domeyko (Ann. des Mines, t. V, série vi).

1864. Das Vorkommen, die Gewinnung und die Aufbereitung des Kupfers in der Serrania de Coro Coro-Chacarilla auf der Hochebene Bolivias. Hugo Reck (Berg- und Hüttenm. Ztg., XXIII. N. F., Bd. XVIII, p. 131).

1865. Geographie und Statistik der Republik Bolivia. Hugo Reck (Petermann's Mittheilungen).

1865. On the mineralogy of Southern America. David Forbes (Phil. Mag., XXIX and XXX).

1869. On the Plant remains from the Brazilian Coal Beds with remarks on the genus Flemingites (The Geological Magazine, vol. VI).

1869. Ueber einige Fossilien des Kohlenkalkes von Bolivia. F. Toula
    (*Sitzungsb. K. Akad. Wiss.*, LIX; Abth. 1, p. 433-434). — Wien.

1871. *Verh. Naturhist. Ver. Rheinl. u. Westf.* Nöggerath.

1872. Analojias entre la formacion geologica de Chile i de Bolivia. Enr.
    Concha y Toro (*Anales Univ. Chile*, p. 538-555).

1872. *Neues Jahrb. f. Min.* A. W. Stelzner.

1873. *Idem.*

1873. Mémoire sur la constitution géologique de la Chaîne des Andes.
    A. Pissis (*Ann. des Mines*, 7ᵉ série, t. III).

1876. Beiträge zur Geol. der Argent. Republik. Kayser.

1876. Notice of the palæozoic Fossils (from Lake Titicaca), with notes by
    A. Agassiz. O. A. Derby (*Bull. Mus. Comp. Zool. Harward College*,
    vol. III, nᵒ 12, p. 279-286).

1877. El Desierto de Atacama; su geologia, sus producciones i minerales.
    A. Pissis (*Anales Univ. Chile*).

1877. Description of a collection of Fossils made by Dr. A. Raimondi in
    Peru. W. M. Gabb (*Journ. Acad. Nat. Sc. Philadelphia*, New series,
    vol. VIII, part III, p. 302).

1877. Notes on Bolivia. G. C. Musters (*Journal of the Royal Geogr. Soc.*,
    vol. XLVII). — London.

1878. Les minéraux du Pérou. Raimondi. — Paris.

1878. Carte géologique de l'Atacama. Villanueva (*Anales Univ. Chile*).

1879. Mineralogia. Tercera edicion que comprende principalmente las
    especies mineralogicas de Chile, Bolivia, Peru i Provincia Argen-
    tina. J. Domeyko. — Santiago.

1879. Das Antlitz der Erde. Ed. Suess. L'Amérique du Sud, chap. IX, t. I.
    (Trad. française sous la direction de Emm. de Margerie.)

1880. Notes sur les roches éruptives et métamorphiques des Andes; in-8°.
    J. Zugovic. — Belgrade.

1880. Cristaux épigènes de cuivre métallique de Coro Coro. J. Domeyko
    (*Ann. des Mines*, XVIII, p. 531).

1881. *Neues Jahrb.* G. Steinmann.

1881. Zur Kentniss der Jura- und Kreidformation von Caracolès (Bolivia).
    G. Steinmann (*Neues Jahrb. f. Min.*, Beil. Band I).

1882. Estudio de los minerales de la Republica Argentina, Chile i Bolivia; in-8°. F. Benelishe. — Buenos-Ayres.

1882. Proceedings of the Royal Geographical Society and monthly Record of Geography. Part of *Bolivian Table-Land*, vol. IV. J. B. Minchin. — London.

1883. Estudios sobre la formacion petrolifera de Jujuy. Luis Brackebusch. (*Anal. Soc. cientif. Arg.*, t. XV, p. 19). — Buenos-Ayres.

1883. Viajè a la Provincia de Jujuy. Luis Brackebusch (*Bol. Acad. Nac. ciencias*, V). — Cordoba.

1884. Der Vulcan Aconcagua, von N. N. W. P. Gussfeldt (*Zeitschr. Deutsch. u. Öst. Alpenver.*, p. 404-406).

1884. Note sur les filons de quartz aurifère de l'Atajo. Kuss (*Ann. des Mines*, 8e série, p. 379-388). — Paris.

1884. Ueber einige Mineralien aus Bolivia. A. Arzruni (*Zeitschr. für Krystallographie*, IX, p. 73).

1884. Les Roches des Cordillères; in-4°, 75 p., 2 pl. J. Zugovic.

1887. Informe sobre el estudio minero de la region comprendida entre el paralelo 23 i la Laguna de Ascotan. Valdès S. — Santiago.

1887. Beiträge zur Petrographie der Anden von Peru und Bolivia. Fr. Rudolph (*Tschermak's Mineralog. und Petrogr. Mittheil.*, Neue Folge, IX, p. 269).

1887. Mission scientifique au Cap Horn. Hyades (*Part. géol.*). — Paris.

1887. Notes of a Naturalist in South America. John Ball. — London.

1887. Die tertiären und quartären Versteinerungen Chiles. R. A. Philippi. — Leipzig.

1888. Ueber fossile Pflanzenreste aus Cacheuta in der Argent. Republik. L. Szajnocha. (*Sitzungsber. K. Akad. Wiss. Wien, Mathem. Naturw. Cl.*, XCVIII, Abth. I, p. 219-245, pl. I-II.

1890. Metallurgische Beiträge aus Bolivia. A. Gmehling (*Oester. Zeitschr. f. Berg- und Hüttenw.*).

1890. L'Industrie minière au Chili. Lastarria W. — Paris.

1891. The Potosi, Bolivia silver-distr. A. F. Wendt (*Trans. Amer. Instit. Min. Eng.*, XIX.)

1891. A Sketch of the geology of South America. G. Steinmann (*American Naturalist*, Oct.).

1891-1892. Zur Geologie des Ostabhanges der argentinischen Cordillere. O. Behrendsen (*Zeitsch. Deutsch. Geol. Gesell.*, XLIII).

1892. Hand-Book of Bolivia Senate Executive documents. 1ˢᵗ Sess.52ᵈ Congress, vol. VII, p. 53 et seq. — Washington.

1892. Paläozoische Vesteinerungen aus Bolivien, in *Beiträge zur Geologie und Paleontologie von Süd-Amerika*. A. Ulrich, édité par G. Steinmann (*Neues Jahrbuch*, Beilage, Band VIII, p. 116, pl. 1-5).

1892-1894. Beiträge zur Geologie und Paleontologie von Süd-Amerika. Gust. Steinmann.

1893. Los Yacimientos auriferos de la Puna de Jujuy. V. Novarese (*Anales de la Soc. cientif. Argent.*, t. XXXV, p. 89). — Buenos-Ayres.

1894. Contribuciones a la Palæophytologia Argentina. II. — Sobre la existencia del Gondwana inferior en la Republica Argentina. F. Kurtz (*Revista del Museo de La Plata*, VI, IV pl.).

1895. Notas sobre algunas observaciones geologicas de la Provincia de Mendoza. R. Hauthal (*Rev. del Museo de La Plata*, VII, p. 69-95).

1895. Sobre la edad de algunas formaciones carboniferas de la Rep. Argentina. G. Bodenbender (*Rev. del Mus. de La Plata*, VII, p. 129-148).

1897. Die Silber-Zinnerzlagerstätten Bolivias. A. W. Stelzner (Abdruck a. d. *Zeitschr. d. Deutsch. Geol. Gesell.*).

1897. On the identity of Chalcostibite (Wolfsbergite) and Guejarite, and on Chalcostibite from Huanchaca, Bolivia. S. L. Penfield and A. Frenzel (*Amer. Journ. Sc.*, vol. IV, p. 27, and *Zeitschr. f. Kryst. u. Min.*, XXVIII, p. 598).

1897. Beiträge zur Kentniss einiger paläozoischer Faunen von Süd-Amerika. F. Kayser (*Zeitschr. Deutsch Geol. Gesell.*, vol. XLIX, pl. XII, p. 303).

1897. Notice sur le territoire compris entre Pisagua et Antofagasta avec la région des Hauts plateaux boliviens. Max R. Latrille (in *Bull. de la Soc. géogr. de Paris*, 7ᵉ série, t. XVIII).

1897. Die Silber-Zinnerzlagerstätten Bolivias. C. Ochsenius (*Z. D. Geol. Gesell.*). — Berlin, 49, 693-695.

1897. A fauna devonica do Rio Maecurú. F. Katzer (*Boletim do Museu Paraense*, vol. II, n° 2, p. 242).

1897. Rapport préliminaire sur une expédition géologique dans la Cordillère argentino-chilienne entre le 33° et le 36° latitude Sud. Wehrli et Burckhardt (*Revista del Museo de La Plata*, t. VIII, p. 373).

1898. Augelite from a new locality in Bolivia. L. S. SPENCER (*Mineralogical Magazine*, vol. XII, p. 1).

1899. Los Minerales, su descripcion i analysis. G. BODENBENDER. — Cordoba.

1899. Contribuciones a la Palæophytologia Argentina. III. — Sobre la existencia de una Dakota-Flora en la Patagonia Austro-Occidental (Cerro Guido, Gobernacion de Santa Cruz). F. KURTZ (*Rev. del Museo de La Plata*, t. X, p. 43 et seq.).

1900. Profils géologiques transversaux de la Cordillère. C. BURCKHARDT (*Anales del Museo de La Plata*, p. 101).

1901. Climbing and Exploration in the Bolivian Andes. Sir Martin CONWAY. — London and New York.

1905. Exploration in Bolivia, by Dr. H. HOEK (*The Geographical Journal*, May 1905, p. 498).

1906. Erlaüterung zur Routenkarte der Expedition Steinmann, Hoek v. Bistram in den Anden von Bolivien (1903-1904). Dr. Henry HOEK und Prof. STEINMANN (*Petermann's Geogr. Mittheil.*, 1906, Heft 1).

1906. Trilobites from Bolivia collected by Dr. J. W. Evans in 1901-1902, by Philip LAKE, F. G. S. (Extr. *Proceedings of the Geological Society of London*, n° 828).

1906. Graptolites from Bolivia collected by Dr. J. W. Evans in 1901-1902, by Ethel M. R. WOOD, D. Sc. (*Proc. Geol. Soc. London*, n° 828).

II. — ORDRE ALPHABÉTIQUE DES NOMS D'AUTEURS.

ARZRUNI A. — Ueber einige Mineralien aus Bolivia (*Zeitschr. für Krystallographie*, IX, 1884, p. 73).

BALL (John) F. R. S. — Notes of a Naturalist in South America. — London, 1887.

BARBA (Alvaro Alonso). — Arte de los Metales. — Potosi, 15 de Marzo, 1637.

BEHRENDSEN (O.). — Zur Geologie des Ostabhanges der Argentinischen Cordillera (*Zeitschr. Deutsch. Geol. Gesell.*, XLIII, 1891 et 1892).

BENELISHE (F.). — Estudio de los minerales de la Republica Argentina, Chile i Bolivia, in-8°. Ann. 1882. — Buenos-Ayres.

BODENBENDER (G.). — Sobre la edad de algunas formaciones carboniferas de la Rep. Argent. (*Rev. del Museo de La Plata*, VII, 1895, p. 129-148).

BODENBENDER (G.). — Los minerales, su descripcion i analysis. — Cordoba, 1899.

BRACKEBUSCH (Luis). — Estudios sobre la formacion petrolifera de Jujuy (*Anal. Soc. cient. Arg.*, t. XV, p. 19). — Buenos-Ayres, 1883.

BRACKEBUSCH (Luis). — Viajè a la Provincia de Jujuy (*Bol. Acad. Nac. ciencias*, V, 1883). — Cordoba.

BRAVARD (A.). — Monografia de los terrenos marinos terciaros de las cercanias del Parana (*El Nacional Argentino*, 1858).

BURCKHARDT (C.). — Profils géologiques transversaux de la Cordillère (*Anales del Museo de La Plata*, p. 101).

CARRUTHERS (W.). — On the Plant remains from the Brazilian Coal Beds with remarks on the genus *Flemingites* (*The Geological Magazine*, vol. VI, 1869).

CASTELNAU (Francis DE). — Voyage dans l'Amérique du Sud de Rio de Janeiro à Lima et de Lima au Para (4ᵉ partie. *Itinéraire et Coupes géol.*; 76 pl. color., ann. 1852).

CHEVALIER E. — Note sur la constitution géologique des environs de Valparaiso et sur le soulèvement du sol de la Côte du Chili (Extr. du *Voyage autour du Monde de la « Bonite »*, chap. III, part. géolog., *B. S. G. F.*, XIV, 1843).

COMYNET. — Note sur les explorations aurifères de la vallée de Tipuani [Bolivie] (*Ann. des Mines*, année 1858).

CONCHA Y TORO. — Analojias entre la formacion geologica de Chile i de Bolivia (*Anales Univ. Chile*, p. 538-555).

CONWAY (Sir Martin). — Climbing and Exploration in the Bolivian Andes. — London and New York, 1901.

CROSNIER. — Notice géologique sur les départements de Huancavelica et d'Ayacucho (*Anales Univ. Chile*, 1872, p. 538-555).

DALENCE (J. M.). — Bosquejo estadistico de Bolivia. — Chuquisaca, 1851.

DANA. — U. S. Exploring Expedition Geology, 1849.

DARWIN (Ch.). — Journal of Researches (*Proc. Geol. Soc.*, année 1837, p. 448).

DARWIN (Ch.). — Researches in Geology and Natural History in South America. — London, 1840.

Darwin (Ch.). — Geological Observations on South America. — London, 1846.

Derby (O. A.). — Notice of the palæozoic Fossils (from Lake Titicaca), with notes by A. Agassiz (*Bull. Mus. Comp. Zoology, Harward College*, 1876, Cambridge U. S. A., vol. III, n° 12, p. 279-286).

Domeyko (Ignacio). — Mineralogia. Tercera edicion que comprende principalmente las especies mineralogicas de Chile, Bolivia, Peru i Provincia Argentina. — Santiago, 1879.

Domeyko (I.). — Mémoire concernant les grandes masses d'aérolithes trouvées dans le désert d'Atacama (*Ann. des Mines*, t. V, série vi).

Domeyko (I.). — Cristaux épigènes de cuivre métallique de Coro Coro (*Ann. des Mines*, XVIII, 1880, p. 531).

D'Orbigny (Alcide-D.). — Voyages dans l'Amérique méridionale exécuté pendant les années 1826, 1827, 1828, 1829, 1830, 1831, 1832 et 1833 (t. III, part. géol.). — Paris, 1842.

Forbes (David). — On the geology of Bolivia and Southern Peru (*Phil. Magaz.*, XXI, année 1861, p. 154.)

Forbes (David). — On the geology of Bolivia and Southern Peru (*Quart. Journ. Geol. Soc.*, XVII, 1861, p. 7-62). — London.

Forbes (David). — On the mineralogy of Southern America (*Phil. Magaz.*, XXIX, 1865, and XXX, 1865).

Gabb (W. M.). — Description of a collection of Fossils made by Dr. A. Raimondi in Peru (*Journal Acad. Nat. Sc.*, new series, vol. VIII, part III, p. 302). — Philadelphia, 1877.

Garcilaso de la Vega. — Comentarios reales de los Incas. — Lisboa, 1609.

Gillis (I. M.). — The U. S. Naval Astronomical Expedition to Southern Hemisphere during the years 1849, 1850, 1851, 1852 (*Chile*, vol. I). Washington, 1855.

Gmehling (A.). — Metallurgische Beiträge aus Bolivia (*Oester. Zeitschr. f. Berg- und Hüttenw.*, 1890).

Güssfeldt (P.). — Der Vulcan Aconcagua von N. N. W. (*Zeitschr. Deutsch. u. Öst. Alpenver.*, 1884).

Hauthal (R.). — Algunas observaciones geologicas de la Provincia de Mendoza (*Revista del Museo de La Plata*, VII, 1895, p. 69-95).

Hoek (H.). — Exploration in Bolivia (*The Geographical Journal*, May 1905, vol. XXV, n° 5, p. 498). — (Paper read by Mr. W. Rickmer Rickmers at the Royal Geographical Society. December 12, 1904. Map, p. 588.)

Hoek (Henry) und Steinmann (G.). — Erläuterung zur Routenkarte der Expedition Steinmann, Hoek, v. Bistram in den Anden von Bolivien, 1903-1904 (*Petermann's Geogr. Mittheil.*, 1906, Heft I).

Humboldt (A. de). — Versuch über den politischen Zustand des Königreichs Neu-Spanien. — Tubingen, 1813.

Humboldt (A. de) et Degenhardt. — Pétrifications recueillies en Amérique. — Berlin, 1839.

Hyades. — Mission scientifique au Cap Horn, 1882-1883 (Part. géolog., t. IV). — Paris, 1887.

Katzer (F.). — A fauna devonica do Rio Maecurú (*Boletim do Museu Paraense*, vol. II, n° 2, p. 242. oct. 1897).

Kayser (E.). — Beiträge zur Geol. der Argent. Republik (1876).

Kayser (E.). — Beiträge zur Kentniss einiger paläozoischer Faunen von Süd-America, vol. XLIX (*Zeitschr. Deutsch. Geol. Gesell.*, 1897, pl. XII, p. 303).

Kurtz (F.). — Contribuciones a la Palæophytologia Argentina. II. — Sobre la existencia del Gondwana inferior en la Republica Argentina (*Revista del Museo de La Plata*, VI, 1894, iv pl.).

Kurtz (F.). — Contribuciones a la Palæophytologia Argentina. III. — Sobre la existencia de una Dakota-Flora en la Patagonia Austro-Occidental (Cerro-Guido, Gobernacion de Santa Cruz) [*Rev. del Museo de La Plata*, t. X, p. 43 et seq., 1899].

Küss. — Note sur les filons de quartz aurifère de l'Atajo (*Ann. des Mines*, 8° série, V). — Paris, 1884.

Lake (Philip). — Tribolites from Bolivia collected by J. W. Evans in 1901-1902 (Extr. *Proceedings of the Geological Society of London*, n° 828, 25 April 1906).

Lastarria (W.). — L'Industrie minière au Chili. — Paris, 1890.

Latrille (Max R.). — Notice sur le territoire compris entre Pisagua et Antofagasta avec la région des Hauts plateaux boliviens (in *Bull. Soc. géogr. de Paris*, 7° série, t. XVIII, 1897).

Minchin (J. B.). — Proceedings of the Royal Geographical Society and monthly Record of Geography (Part of *Bolivian Table-Land*, vol. IV, 1882, p. 671).

Musters (G. C.). — Notes on Bolivia (*Journal of the Royal Geogr. Soc.*, vol. XLVII). — London, 1877.

Nöggerath. — *Verh. Naturhist. Ver. Rheinl. u. Westf.* (1871).

Novarese (V.). — Los Yacimientos auriferos de la Puna de Jujuy (*Anales de la Soc. cientif. Argent.*, t. XXXV, p. 89). — Buenos-Ayres, 1893. — Estratto dagli *Annali di Agricoltura*, n° 191 (*Relazione sul Servizio nel 1890*). — Firenze, 1892.

Ochsenius (C.). — Die Silber-Zinnerzlagerstätten Bolivias (*Z. D. Geol. Gesell.*, Berlin, 1897, 49, 693-695).

Penfield (S. L.) and Frenzel (A.). — On the identity of Chalcostibite (Wolfsbergite) and Guejarite, and on Chalcostibite from Huanchaca [Bolivia] (*Amer. Journ. Sc.*, 1897, vol. IV, p. 27, and *Zeitschr. f. Kryst. u. Min.*, XXVIII, p. 598).

Pentland (J. B.). — Memoir on the Andes and on the Great Plateau (*Journal of the Royal Geogr. Soc.*). — London, 1835 and 1849.

Philippi (R. A.). — Die tertiären und quartären Versteinerungen Chiles. — Leipzig, 1887.

Philippi (R. A.). — Viaje al Desierto de Atacama. — Halle en Sajonia, 1860 (*Reise durch Die Wüste Atacama auf Befehl der Chilenischen Regierung im Sommer 1852-1853 unternommen und beschrieben*).

Pissis (A.). — Recherches sur les systèmes de soulèvement de l'Amérique du Sud (*Ann. des Mines*, 5ᵉ série, t. IX, 1856).

Pissis (A.). — Descripcion topografica i geologica de la Provincia de Aconcagua (*Anales Univ. Chile*, 1858, p. 46-89).

Pissis (A.). — Mémoire sur la constitution géologique de la Chaîne des Andes (*Ann. des Mines*, 7ᵉ série, t. III, 1873).

Pissis (A.). — El Desierto de Atacama; su geologia, sus producciones i minerales (*Anales Univ. Chile*, 1877).

Raimondi. — Les minéraux du Pérou. — Paris, 1878.

Reck (Hugo). — Das Vorkommen, die Gewinnung und die Aufbereitung des Kupfers in der Serrania de Coro Coro-Chacarilla auf der Hochebene Bolivias (*Berg- und Hüttenm. Ztg.*, XXIII. N. F., Bd. XVIII, 1864, p. 131).

Reck (Hugo). — Geographie und Statistik der Republik Bolivia (*Petermann's Mittheilungen*, 1865).

Rück (E. O.). — Die Silberminen von Potosi und einige allgemeine Bemerkungen über bolivianische Minen (*Berg- und Hüttenm. Ztg.*, XVII, 1858, p. 289).

Rudolph (Fr.). — Beiträge zur Petrographie der Anden von Peru und Bolivia (*Tschermak's Mineralog. und Petrogr. Mittheil.*, Neue Folge, IX, 1887, p. 269).

Salter (J. W.). — On the Fossils from the High Andes (Bolivia) collected by David Forbes (*Quart. Journal Geol. Soc.*, 1861, vol. XVII, p. 62-73, pl. 4 and 5 [Palæozoic Fossils]).

Spencer (L. S.). — Augelite from a new locality in Bolivia (*Mineralogical Magazine*, 1898, vol. XII, p. 1).

Steinmann (Gust.). — Zur Kentniss der Jura- und Kreidformation on Caracolès, Bolivia (*Neues Jahrb. f. Min.*, Beil. Band I, 1881).

Steinmann (G.). — *Neues Jahrb.*, 1881.

Steinmann (G.). — A Sketch of the geology of South America (*American Naturalist*, Oct. 1891).

Steinmann (G.). — Beiträge zur Geologie und Paleontologie von Süd-Amerika, 1892-1894.

Stelzner (A. W.). — *Neues Jahrb. f. Min.*, 1872-1873.

Stelzner (A. W.). — Die Silber-Zinnerzlagerstätten Bolivias (Abdruck a. d. *Zeitschr. d. Deutsch. Geol. Gesell.*, Jahrb. 1897).

Suess (Ed.). — Das Antlitz der Erde, trad. E. de Margerie (*L'Amérique du Sud*, chap. IX, p. 675 et suiv.). — Paris, 1897.

Szajnocha (L.). — Ueber fossile Pflanzenreste aus Cacheuta in der Argent. Republik (*Sitzungsber. K. Akad. Wiss. Wien, Mathemat. Naturw. Cl.*, XCVII, Abth. I, 1888, p. 219-245, pl. I-II).

Toula (F.). — Ueber einige Fossilien des Kohlenkalkes von Bolivia (*Sitzungsb. K. Akad. Wiss. Wien*, LIX, Abth. I, 1869, p. 433-434).

Ulrich (A.). — Paläozoische Versteinerungen aus Bolivien, in *Beiträge zur Geologie und Paleontologie von Süd-Amerika*; édité par G. Steinmann (*Neues Jahrbuch*, 1892, Beilage, Band VIII, p. 116, pl. 1-5).

Valdès (S.). — Informe sobre el estudio minero de la region comprendida entre el paralelo 23 i la Laguna de Ascotan. — Santiago, 1887.

Villanueva. — Carte géologique de l'Atacama (*Anales Univ. Chile*, 1878).

Weddell (H. A.). — Voyage dans le nord de la Bolivie et dans les parties voisines du Pérou (1853).

12.

WENDT (A. F.). — The Potosi, Bolivia silver-distr. (*Trans. Americ. Instit. Min. Eng.*, XIX, 1891).

WEHRLI et BURCKHARDT. — Rapport préliminaire sur une expédition géologique dans la Cordillère argentino-chilienne entre le 30° et 36° latitude Sud (*Revista del Museo de La Plata*, t. VIII, p. 373, 1897).

WOOD (Ethel M. R.). — Graptolites from Bolivia collected by Dr J. W. Evans in 1901-1902 (*Proceedings of the Geological Society of London*, n° 828, 25 April 1906).

ZUGOVIC (I.). — Notes sur les roches éruptives et métamorphiques des Andes; in-8°. — Belgrade, 1880.

ZUGOVIC (I.). — Les Roches des Cordillères; in-4°, 75 pages, 2 pl. — Paris, 1884.

ANNEXE

———

PLANCHES

DES COQUILLES ACTUELLES ET DES COQUILLES FOSSILES

DÉCRITES ET CITÉES DANS LE TEXTE

PLANCHE I

PLANCHE I.

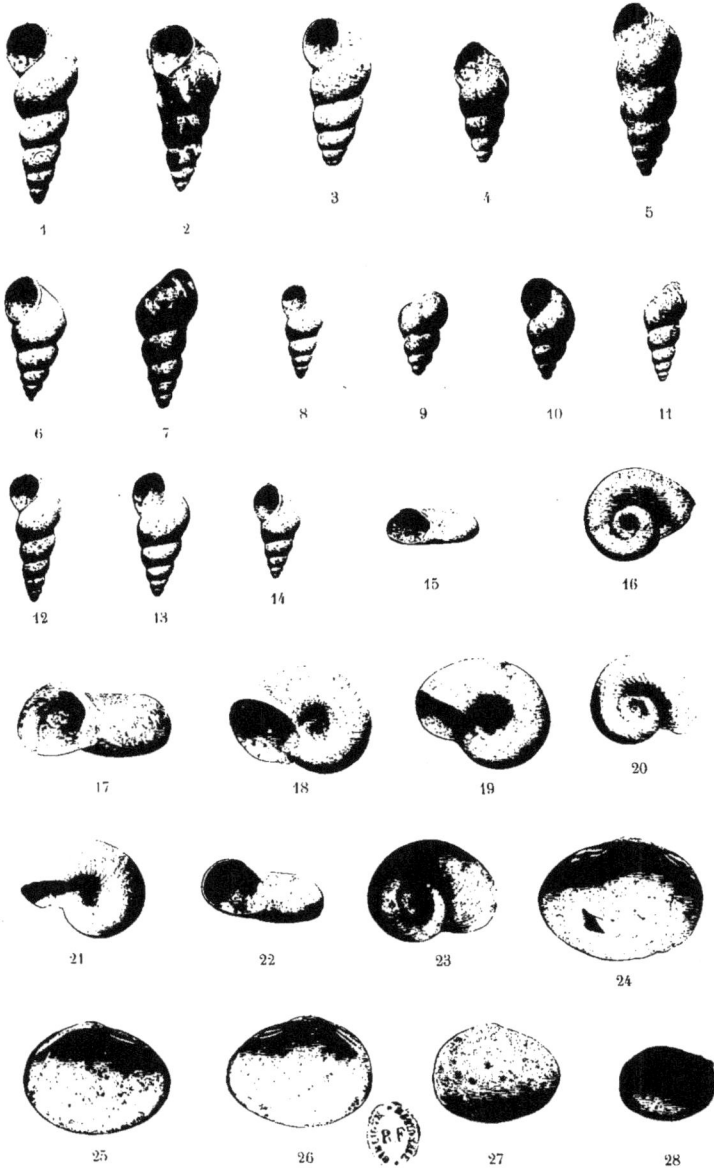

1

2

3

4

5

6

7

8

9

10

11

12

13

14

15

16

17

18

19

20

21

22

23

24

25

26

27

28

PLANCHE II

PLANCHE II.

Fig. 1. **Posidonia Dalmasi** DUMORTIER. — Callovien, Caracolès (Chili).

Fig. 2. **Posidonia ornati** QUENSTEDT. — Callovien, Caracolès.

Phot. G. Pissarro.

PLANCHE III

PLANCHE III.

Fig. 1 et 4. **Macrocephalites macrocephalus** SCHLOT. — Callovien, Caracolès (Chili).

Fig. 2 et 3. **Macrocephalites macrocephalus** SCHLOT. — Callovien, Caracolès.

Fig. 5 et 6. **Reineckia Stuebeli** STEINMANN. —- Callovien, Caracolès.

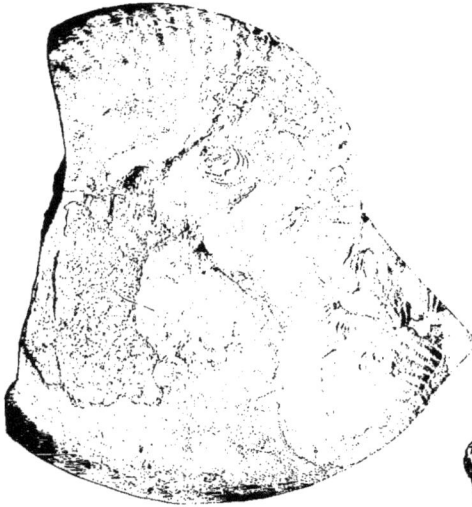

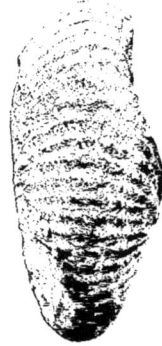

1

2

3

4

5

6

Phot. G. Pissarro.

PLANCHE IV

PLANCHE IV.

Fig. 1. **Posidonia ornati** QUENSTEDT. — Callovien, Caracolès (Chili).

Fig. 2. **Macrocephalites macrocephalus** SCHLOT. — Callovien, Caracolès.

Fig. 3. **Ancyloceras**, espèce voisine de **A. calloviense** MORRIS. — Caracolès.

Fig. 4, 6 et 7. **Gryphæa Darwini** FORBES. — Callovien, Caracolès.

Fig. 5. **Lingula Plagemanni** (cf.) MORICKE. — Callovien, Caracolès.

1

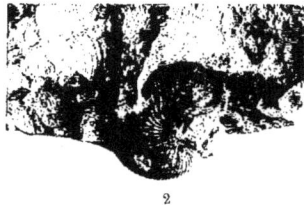

2

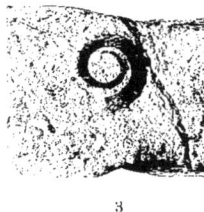

3

4

5

6

7

Phot. G. Pissarro.

PLANCHE V

PLANCHE V.

Fig. 1. **Leptocœlia flabellites** Conr. — Dévonien, environs d'Achacachi (Bolivie).

Fig. 2, 4 et 6. **Acaste devonica** Ulr. — Dévonien, Tiahuanaco (Bolivie).

Fig. 3 et 5. **Spirifer Chuquisaca** Ulr. — Dévonien, Tarija (Bolivie).

Fig. 7. **Cryphæus**, espèce voisine de **C. convexus** Ulr. — Dévonien, Tiahuanaco (Bolivie).

Fig. 8. **Cryphæus convexus** Ulr. — Dévonien, Tiahuanaco (Bolivie).

Fig. 9. **Actinocrinus (?)** d'Orb. — Dévonien, environs de Tiahuanaco (Bolivie).

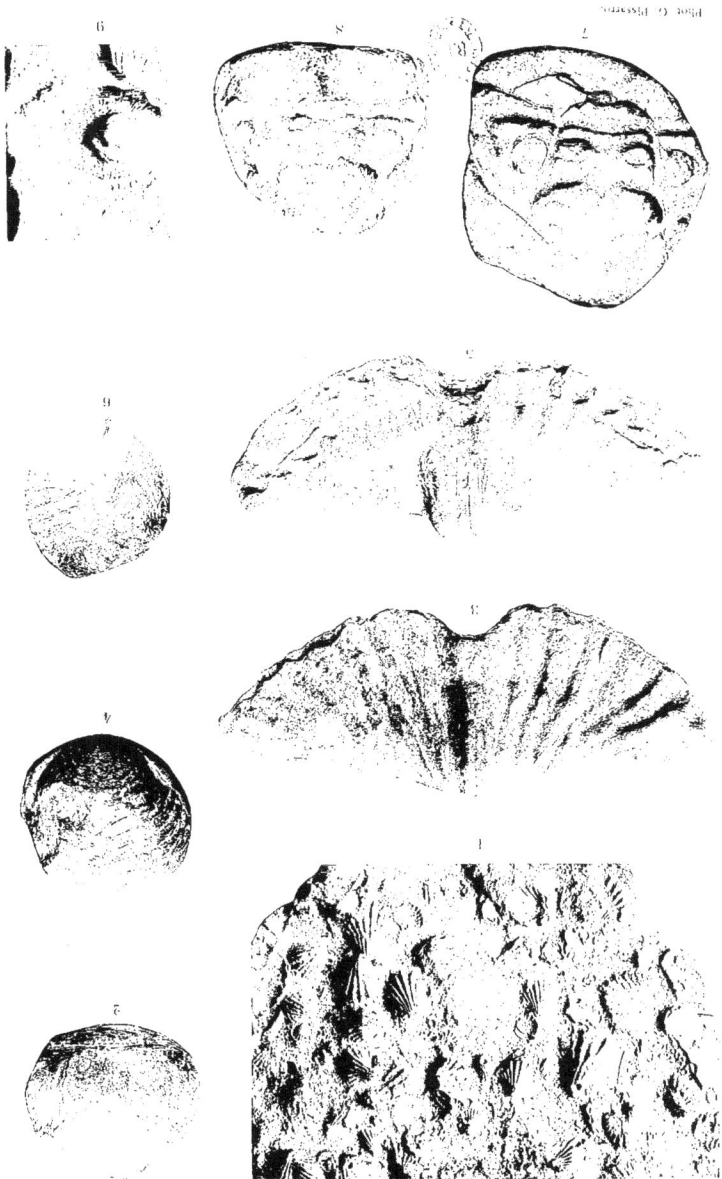

PLANCHE VI

PLANCHE VI.

Fig. 1, 3, 5, 6 et 7. **Spirifer Chuquisaca** Ulr. — Dévonien, Tarija (Bolivie).

Fig. 2 et 4. **Nuculites Beneckei** Ulr. — Dévonien, Tarija (Bolivie).

Fig. 8 et 9. **Meristella Riskowskyi** Ulr. — Dévonien, Tarija (Bolivie).

Fig. 11 et 12. **Vitulina pustulosa?** Hall. — Dévonien, Tarija (Bolivie).

Fig. 10, 13 et 14. **Leptocœlia flabellites** Conrad. — Dévonien, Tarija (Bolivie).

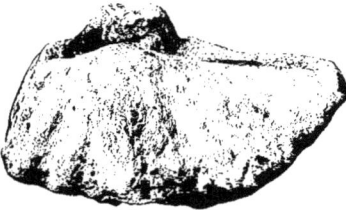

PLANCHE VII

PLANCHE VII.

Fig. 1, 2, 6, 7, 8 et 10. **Cryphæus giganteus** ULR. — Dévonien, Tarija (Bolivie).

Fig. 4 et 5. **Leptocœlia flabellites** CONRAD. — Dévonien, Tarija (Bolivie).

Fig. 3 et 9. **Conularia** cf. **acuta** A. RŒMER. — Dévonien, Tarija (Bolivie).

Fig. 11. **Conularia Quichua** ULR. — Dévonien, Tarija (Bolivie).

PLANCHE VIII

PLANCHE VIII.

Fig. 1. **Lingula** cf. **attenuata** Sow. — Silurien, Tarija (Bolivie).

Fig. 2 à 4. **Actinocrinus** cf. **muricatus** GOLDFUSS. — Dévonien, Tarija (Bolivie).

Fig. 3. **Asaphus boliviensis** D'ORB. — Silurien, Tarija (Bolivie).

Fig. 5. **Dendrograptus Hallianus** PROUT. — Silurien, Tarija (Bolivie).

Fig. 6. **Actinocrinus?** D'ORB. — Dévonien, Tarija (Bolivie).

Fig. 7. **Dictyonema retiformis** HALL. — Silurien, Tarija (Bolivie)

1

2

3

4

5

6

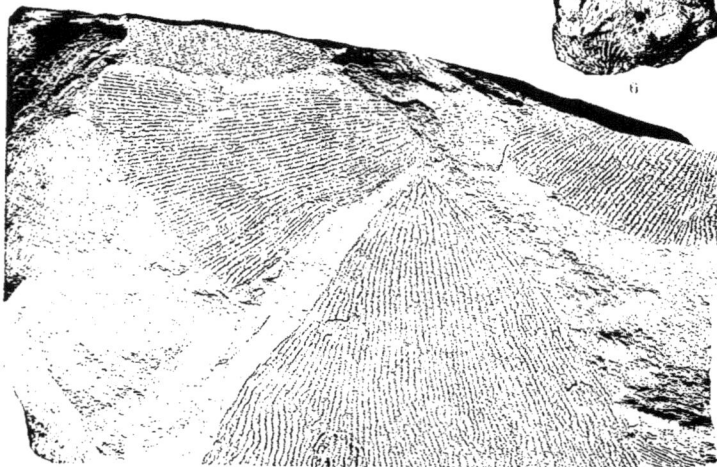

7

TABLE ALPHABÉTIQUE

DES PRINCIPAUX SUJETS TRAITÉS.

TABLE DES LOCALITÉS AMÉRICAINES CITÉES.

TABLE DES FIGURES DANS LE TEXTE

ET HORS TEXTE.

TABLE DES MATIÈRES.

TROISIÈME PARTIE.

DISTRIBUTION GÉOGRAPHIQUE DES TERRAINS.

ANNEXE.